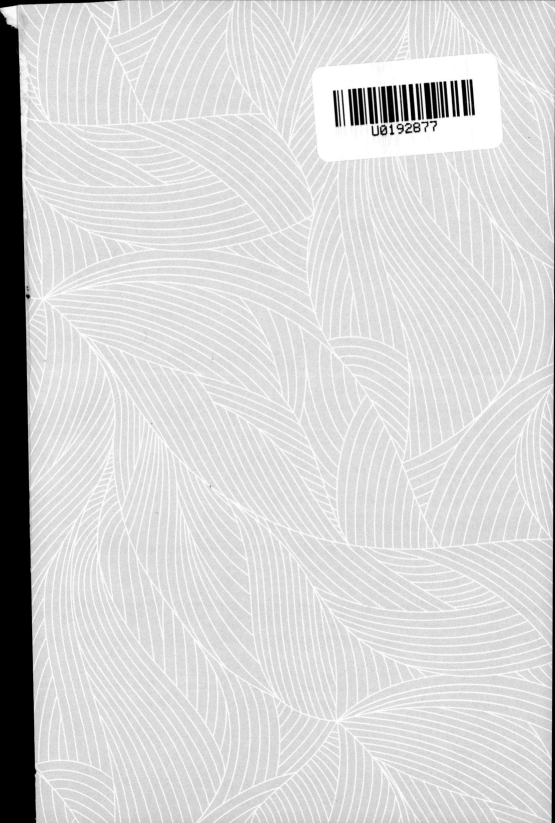

绿色发展通识丛书

GENERAL BOOKS OF GREEN DEVELOPMENT

生物多样性的一次次危机

[法]帕特里克·德·维沃　[法]布鲁诺·大卫 / 著

吴博 / 译

中国文联出版社

http://www.clapnet.cn

图书在版编目（ＣＩＰ）数据

生物多样性的一次次危机 / (法) 帕特里克·德·维
沃, (法) 布鲁诺·大卫著；吴博译. -- 北京：中国文
联出版社, 2020.12
（绿色发展通识丛书）
ISBN 978-7-5190-4444-2

Ⅰ. ①生… Ⅱ. ①帕… ②布… ③吴… Ⅲ. ①生物多
样性 - 研究 Ⅳ. ①Q16

中国版本图书馆CIP数据核字(2020)第241222号

著作权合同登记号：图01-2018-0826
Originally published in France as:
La biodiversité de crise en crise by Patrick de Wever et Bruno David
© Edition Albin Michel, Paris 2015
Current Chinese language translation rights arranged through Divas International, Paris / 巴
黎迪法国际版权代理

生物多样性的一次次危机
SHENGWU DUOYANGXING DE YICICI WEIJI

作　者：[法] 帕特里克·德·维沃　[法] 布鲁诺·大卫	
译　者：吴　博	

	终审人：朱彦玲
责任编辑　胡　笋　贺　希	复审人：蒋爱民
责任译校：黄黎娜	责任校对：胡世勋
封面设计：谭　锴	责任印制：陈　晨

出版发行：中国文联出版社
地　址：北京市朝阳区农展馆南里10号，100125
电　话：010-85923076（咨询）85923000（编务）85923020（邮购）
传　真：010-85923000（总编室），010-85923020（发行部）
网　址：http://www.clapnet.cn　　　　　http://www.claplus.cn
E－mail：clap@clapnet.cn　　　　　　hus@clapnet.cn

印　刷：中煤（北京）印务有限公司
装　订：中煤（北京）印务有限公司
本书如有破损、缺页、装订错误，请与本社联系调换

开　本：720×1010		1/16
字　数：156.2千字		印　张：17.75
版　次：2020年12月第1版		印　次：2020年12月第1次印刷
书　号：ISBN 978-7-5190-4444-2		
定　价：66.00元		

"绿色发展通识丛书"总序一

洛朗·法比尤斯

1862年，维克多·雨果写道："如果自然是天意，那么社会则是人为。"这不仅仅是一句简单的箴言，更是一声有力的号召，警醒所有政治家和公民，面对地球家园和子孙后代，他们能享有的权利，以及必须履行的义务。自然提供物质财富，社会则提供社会、道德和经济财富。前者应由后者来捍卫。

我有幸担任巴黎气候大会（COP21）的主席。大会于2015年12月落幕，并达成了一项协定，而中国的批准使这项协议变得更加有力。我们应为此祝贺，并心怀希望，因为地球的未来很大程度上受到中国的影响。对环境的关心跨越了各个学科，关乎生活的各个领域，并超越了差异。这是一种价值观，更是一种意识，需要将之唤醒、进行培养并加以维系。

四十年来（或者说第一次石油危机以来），法国出现、形成并发展了自己的环境思想。今天，公民的生态意识越来越强。众多环境组织和优秀作品推动了改变的进程，并促使创新的公共政策得到落实。法国愿成为环保之路的先行者。

2016年"中法环境月"之际，法国驻华大使馆采取了一系列措施，推动环境类书籍的出版。使馆为年轻译者组织环境主题翻译培训之后，又制作了一本书目手册，收录了法国思想界最具代表性的 33 本书籍，以供译成中文。

中国立即做出了响应。得益于中国文联出版社的积极参与，"绿色发展通识丛书"将在中国出版。丛书汇集了 33 本非虚构类作品，代表了法国对生态和环境的分析和思考。

让我们翻译、阅读并倾听这些记者、科学家、学者、政治家、哲学家和相关专家：因为他们有话要说。正因如此，我要感谢中国文联出版社，使他们的声音得以在中国传播。

中法两国受到同样信念的鼓舞，将为我们的未来尽一切努力。我衷心呼吁，继续深化这一合作，保卫我们共同的家园。

如果你心怀他人，那么这一信念将不可撼动。地球是一份馈赠和宝藏，她从不理应属于我们，她需要我们去珍惜、去与远友近邻分享、去向子孙后代传承。

2017 年 7 月 5 日

（作者为法国著名政治家，现任法国宪法委员会主席、原巴黎气候变化大会主席，曾任法国政府总理、法国国民议会议长、法国社会党第一书记、法国经济财政和工业部部长、法国外交部部长）

"绿色发展通识丛书"总序二

万钢

习近平总书记在中共十九大上明确提出，建设生态文明是中华民族永续发展的千年大计。必须树立和践行绿水青山就是金山银山的理念坚持节约资源和保护环境的基本国策，像对待生命一样对待生态环境。我们要建设的现代化是人与自然和谐共生的现代化，既要创造更多物质财富和精神财富以满足人民日益增长的美好生活需要，也要提供更多优质生态产品以满足人民日益增长的优美生态环境需要。近年来，我国生态文明建设成效显著，绿色发展理念在神州大地不断深入人心，建设美丽中国已经成为13亿中国人的热切期盼和共同行动。

创新是引领发展的第一动力，科技创新为生态文明和美丽中国建设提供了重要支撑。多年来，经过科技界和广大科技工作者的不懈努力，我国资源环境领域的科技创新取得了长足进步，以科技手段为解决国家发展面临的瓶颈制约和人民群众关切的实际问题作出了重要贡献。太阳能光伏、风电、新能源汽车等产业的技术和规模位居世界前列，大气、水、土壤污染的治理能力和水平也有了明显提高。生态环保领域科学普及的深度和广度不断拓展，有力推动了全社会加快形成绿色、可持续的生产方式和消费模式。

推动绿色发展是构建人类命运共同体的重要内容。近年来，中国积极引导应对气候变化国际合作，得到了国际社会的广泛认同，成为全球生态文明建设的重要参与者、贡献者和引领者。这套"绿色发展通识丛书"的出版，得益于中法两国相关部门的大力支持和推动。第一辑出版的33种图书，包括法国科学家、政治家、哲学家关于生态环境的思考。后续还将陆续出版由中国的专家学者编写的生态环保、可持续发展等方面图书。特别要出版一批面向中国青少年的绘本类生态环保图书，把绿色发展的理念深深植根于广大青少年的教育之中，让"人与自然和谐共生"成为中华民族思想文化传承的重要内容。

科学技术的发展深刻地改变了人类对自然的认识，即使在科技创新迅猛发展的今天，我们仍然要思考和回答历史上先贤们曾经提出的人与自然关系问题。正在孕育兴起的新一轮科技革命和产业变革将为认识人类自身和探求自然奥秘提供新的手段和工具，如何更好地让人与自然和谐共生，我们将依靠科学技术的力量去寻找更多新的答案。

2017 年 10 月 25 日

（作者为十二届全国政协副主席，致公党中央主席，科学技术部部长，中国科学技术协会主席）

"绿色发展通识丛书" 总序三

铁凝

  这套由中国文联出版社策划的"绿色发展通识丛书",从法国数十家出版机构引进版权并翻译成中文出版,内容包括记者、科学家、学者、政治家、哲学家和各领域的专家关于生态环境的独到思考。丛书内涵丰富亦有规模,是文联出版人践行社会责任,倡导绿色发展,推介国际环境治理先进经验,提升国人环保意识的一次有益实践。首批出版的33种图书得到了法国驻华大使馆、中国文学艺术基金会和社会各界的支持。诸位译者在共同理念的感召下辛勤工作,使中译本得以顺利面世。

  中华民族"天人合一"的传统理念、人与自然和谐相处的当代追求,是我们尊重自然、顺应自然、保护自然的思想基础。在今天,"绿色发展"已经成为中国国家战略的"五大发展理念"之一。中国国家主席习近平关于"绿水青山就是金山银山"等一系列论述,关于人与自然构成"生命共同体"的思想,深刻阐释了建设生态文明是关系人民福祉、关系民族未来、造福子孙后代的大计。"绿色发展通识丛书"既表达了作者们对生态环境的分析和思考,也呼应了"绿水青山就是金山银山"的绿色发展理念。我相信,这一系列图书的出版对呼唤全民生态文明意识,推动绿色发展方式和生活方式具有十分积极的意义。

20世纪美国自然文学作家亨利·贝斯顿曾说："支撑人类生活的那些诸如尊严、美丽及诗意的古老价值就是出自大自然的灵感。它们产生于自然世界的神秘与美丽。"长期以来，为了让天更蓝、山更绿、水更清、环境更优美，为了自然和人类这互为依存的生命共同体更加健康、更加富有尊严，中国一大批文艺家发挥社会公众人物的影响力、感召力，积极投身生态文明公益事业，以自身行动引领公众善待大自然和珍爱环境的生活方式。藉此"绿色发展通识丛书"出版之际，期待我们的作家、艺术家进一步积极投身多种形式的生态文明公益活动，自觉推动全社会形成绿色发展方式和生活方式，推动"绿色发展"理念成为"地球村"的共同实践，为保护我们共同的家园做出贡献。

　　中华文化源远流长，世界文明同理连枝，文明因交流而多彩，文明因互鉴而丰富。在"绿色发展通识丛书"出版之际，更希望文联出版人进一步参与中法文化交流和国际文化交流与传播，扩展出版人的视野，围绕破解包括气候变化在内的人类共同难题，把中华文化中具有当代价值和世界意义的思想资源发掘出来，传播出去，为构建人类文明共同体、推进人类文明的发展进步做出应有的贡献。

　　珍重地球家园，机智而有效地扼制环境危机的脚步，是人类社会的共同事业。如果地球家园真正的美来自一种持续感，一种深层的生态感，一个自然有序的世界，一种整体共生的优雅，就让我们以此共勉。

2017 年 8 月 24 日

　　（作者为中国文学艺术界联合会主席、中国作家协会主席）

目 录

科学为我们抹去昨天的愚昧，展示今日的无知。

——大卫·格罗斯（David Gross）[1]

---

[1] 大卫·格罗斯（David Gross），2004 年在斯德哥尔摩领取诺贝尔物理学奖时的讲话。

首先请允许我向恐龙致敬，没有它们，我将无法写下这篇序言。如果恐龙没有突然灭绝，适合人类生活的生态系统就无法诞生，我们的祖先就不能繁荣发展，那么今天的人类也不会在这里回顾过去、展望未来了。

我轻描淡写地把6500万年（甚至更久）的历史一笔带过，很多科学工作者都会对此感到震惊。帕特里克·德·韦弗和布鲁诺·大卫（Bruno David）两人嘴角略带微笑，为我们讲述这颗小小星球上生物的经历，如同史诗般令人难以置信。不过他们的容忍是有限度的，虽然可以接受在普及科学知识时删繁就简，但是也非常担忧各种偏见混淆视听。

16世纪初似乎是智慧开启的世纪。同样18世纪作为"启蒙世纪"，人们突然表现出对知识的无比渴望。可能由于对政治不满，从那时起，直到今天的社会始终以科学为基础。社会攫取知识，面对令人担忧的问题，希望能够提供答案，与此同时，我们所在的星球正在经历所谓的"第六次生物灭绝"。在这样的背景下，科学家没有充满好奇，而是表现得忧心忡忡。科学家应该走出实验室讲出知道的秘密。想要做到这一步并不容易，原因如下：

第一，在科学界内部的专业人士对于很多知识的解读各持己见；第二，"了解实情的专家们"默默地承认，当今世界面临的问题与挑战远远多于解决方法。

尽管如此，在本书中帕特里克·德·韦弗和布鲁诺·大卫明确表明他们的决心并没有动摇。在这本书中，读者可以探索生物世界漫长的英雄史诗——长达35亿年！书中资料翔实丰富，甚至涉及丁丁（Tintin）、伏尔泰（Voltaire）和阿加莎·克里斯蒂（Agatha Christie）。这说明本书作者没有把自己封闭在科学的小圈子里，恰恰相反，他们希望根据大众具备的知识详尽地叙述、讲解，乃至帮助读者进行想象。生物多样性问题虽然复杂，但是也非常清晰。本书中作者还提出了各种问题。比如：谁在为"全球最大的碳吸储库"——浮游植物群落担忧？谁为了病毒、细菌以及其他微生物辩护？主要由于这些微生物的作用，促成了生物多样性。

我们是否应该在某种生物全体层级上进行分析，而不是在某一块有限区域分析呢？用实际例子更清楚地说明一下，在斯洛文尼亚，熊的数量依然巨大，那么在比利牛斯山区，熊的灭绝是否称得上一场悲剧呢？

本书的两位作者指出人们已掌握知识中的矛盾之处，让人们对原本以为天经地义的东西产生怀疑。这种做法很好，因为只有这样才能让人更加广泛地思考。但是这种做法也可能使读者不知不觉地便对事态发展感到失望无助。有人发出这样的论调："'危机有助于生物多样性的发展''历史经验表明变化促成生物多样性'。"如果长时间沉浸在这样的舆论环境中，我们容易忽视自己对环境的责任。这让我想起很多媒体报道过一名法兰西学院教授的言论，这位教授把人类的未来当成赌注，认为地球发生灾难的时候人类一定会找到新的宜居星球。另外，帕特里克·德·韦弗和布鲁诺·大卫对那些持有极度悲观态度的媒体、非政府组织、科学家提出批评，因为那种态度会让人认为无力回天，于是不肯再付出努力，去改变现状。诚然，危险的确存在，而且人们开始意识到这些危险，名古屋（Nagoya）峰会正展现出了这一事实。

　　我向这部充满启示的作品表示致敬，同时，我还要坚持表示对各种"失落天堂"的怀念，尽管那种自然环境完美的地区发生演变都在情理之中。同样，我与本书作者一样，希望科学事实中应该加入左右抉择的哲学观察与政治思考。最后，我还要捍卫"生物中心主义（Biocentrisme）"，建议大家通过生物的整体、生物的丰富程度与不同种类，去理解生物本身，不要以为人类是生物界的唯一动力。我希望人们能够唤醒各自的感官，享受到爱抚、倾听、感觉等带来的幸福。我憧憬着动物不害怕人类并与人类共同生活的未来。

的确，我心中最优秀的世界是乌托邦，用几乎不可能存在的管理方式实现这一理想，知识在其中的位置不可或缺。由此，《生物多样性的一次次危机》可作为我梦想的奠基之作。

如何理解湿婆之舞的含义？如果现在由我揭晓本书精彩故事的谜底，一定会让人不快。那么，就请各位读者阅读本书，这样才能了解更多的知识。

阿兰·布格兰-迪堡（Allain Bougrain-Dubour）

法国鸟类保护联盟（LPO）主席

经济、社会、环境理事会成员

序言

正如奥维德（Ovide）[1]在《变形记》（*Métamorphoses*）这部作品中预感到的一样，我们不应该用静态的眼光去看待地球，而应该采用变化的观点去观察。

从太空中观察月球，可以看到月球如同枯骨一般，干燥的表面满是陨石坑。从太空中观察地球，给人的感觉截然不同，地球表面色彩丰富、生机勃勃。如果观察得久一些，可以看到白色的云彩徐徐飘过，地球表面在白云之下时隐时现。如果观察得更久一些，以地质年代为单位观测的话，那么我们将看到各个大洲漂移，由于地球内部热量的释放导致大陆板块漂移运动。如果只是以静态的方式观察地球以及地球上的生物，那么如同观看一部电影的暂停画面，观众必然一头雾水。所以，在观察地球的时候，一定要用动态的眼光去观察，时刻想到地球拥有自己的历史。这段历史曾经拥有开始，未来必然结束，历史的终结将发生在50亿年之后，太阳的氢燃料燃烧殆尽之时。那时的地球将耗尽能量，并最终凝结。

地球诞生了46亿年，在地球诞生之后不久就已经出

---

[1] 奥维德（约公元前43-17），古罗马诗人。

现了生命的痕迹，最初的生命痕迹出现在38亿年前，生命覆盖全球各地，尽管曾经发生过几次危机，但是生命始终在地球上存在。随着地质年代的演变，生物多样性也随之变化。有人说我们现在正处在第六次生物的大危机当中，有人说气候变暖现象是全球性危险，有人说火山是一种致命威胁，对于各种生物来说都十分危险……人们众说纷纭，有些论断言之凿凿，有些传言纯粹是心理上的臆想，有些事件则切实发生。所谓"三人成虎"，一些貌似可信的传言不断重复就变得真实起来。一些传言虽然与事实有些出入，但确有其事。人类喜欢接受毋庸置疑的事实，所以都会倾向于接受看似不可辩驳的观点。

我们将在本书中讨论一些大众"公认"的观点，这样做并非故意颠覆传统，而是通过科学的方法提出质疑。怀疑的确让人感到不舒服，但是可以帮助读者思考，避免盲目接受各种"真理"。

我们的目的并非为读者带来"真理"，因为那样做违背了科学精神。我们只是通过科学手段展示出不确定、不准确的现象以及各种陷阱。需要强调的是，科学是人类的产物，所以科学必然具备人类的伟大之处和错误缺点。而人类的身上留下了时间的痕迹，布满文化的印痕。

只要我们走出诗意的观察，就会发现大自然非常复杂。本书中我们会努力描述纷繁芜杂现象之中的几个方面，阐明在实践与空间的维度上各种因素相互关联、彼此影响。

1

. . .

生命星球

生命之所以能生存在宇宙之中，唯一的原因在于碳原子的几个特性。[1]

——詹姆士·琼斯（James Jeans）

《神秘的宇宙》（*The Mysterious Universe*）

---

　　[1] 詹姆士·琼斯（James Jeans），《神秘的宇宙》（*The Mysterious Universe*），醍醐鸟丛书（Pelican Books），1938 年，第 19 页。

起源时间

　　年轻的地球有46亿岁！说它年轻，因为宇宙的年龄是地球的三倍。而在我们眼里地球如同一位垂垂老者。地球从何处来？太阳和太阳系其他行星诞生于气体尘埃云——那是一片由自身坍缩形成的星云，形成碟子的形状。由于中心强大的引力，物质向中心聚集形成了一颗星：太阳。这片"碟子"当中的物质各自聚合，由于吸积作用，物质不断聚集在一起，形成地球与太阳系其他行星。这一过程持续了数亿年。在最初形成的5亿年里，太阳系里的天体遭受陨石雨的袭击。当时初步形成的地球遭到一颗火星大小的巨型陨石撞击，包裹在地球周围的原始大气发生脱气，部分气体被"吹"走。这颗巨型陨石名叫忒伊亚（Théia），从一个倾斜的角度撞击了原始地球，于是地球表面外层物质可能汽化，向空间抛射了1000亿吨的石质"蒸汽"，这些"气体"在太空中凝结形成月球。① 因此，据推测地球最初的大气层发生过变化，当时太阳系的陨石和彗星数量众多，它们携带的可挥发成分取代了部分大气层。在"死亡"的天体——月球上，我们可以清楚地观察到陨石撞击的诸多痕迹，由于月球的地质构造，加上月球上没有侵蚀作用，因此这些痕迹始终清楚地保留至今。这种陨石撞击的频率在逐渐降低，但仍然存在：地球每天仍然接到大约 1000 吨陨石。② 今天人类在地球表面上能够看到大约一百个撞击形成的陨石坑，因为大多数陨石落入海中失去踪迹。地面上的大量陨石坑或者由于外力作用被抹平，或者由于沉积作用被填满，或者由于地质潜没区域被吞噬。所谓"潜没"指的是一块地质板块俯冲潜入另一块地质板块，然后进入地幔（比如南美洲的西岸）。

直到 20 世纪，人们仍然不会考虑宇宙年龄的问题，当时人们觉得宇宙始终如此，永恒不变。爱因斯坦甚至曾经拒绝有其他可能性的存在。在 1959 年科学家的一份调查中显示，三分之二的人认为宇宙始终存在。因为爱德文·哈勃（Edwin Hubble）③ 发现了宇宙在向外膨胀，于是产生了新的问题。宇

---

① 在希腊神话中忒伊亚是泰坦女神，是月亮女神塞勒涅（Séléné）的母亲。

② 和地球的质量 6.10^{21} 吨相比，这些质量微乎其微。

③ 为了纪念这位天文学家，把他的名字命名哈勃望远镜。

宙从什么时候开始膨胀？起源在何处？如果宇宙不是始终存在的，那么宇宙从什么时候开始存在呢？宇宙的起源后来被称作"大爆炸"，宇宙起源存在的证据就是"宇宙微波背景辐射"。1965年，阿诺·彭齐亚斯（Arno Penzias）与罗伯特·威尔逊（Robert Wilson）在黑暗的天空里发现了大爆炸的回声，这个发现证实了哈勃的假设——宇宙存在起点。科学界原有的概念被彻底颠覆，宗教典籍上的言语似乎得到证实，证明上帝创造了一切。大爆炸的辐射符合《圣经》中上帝所说"要有光"的段落。所以1951年教宗庇护十二世（Pie XII）在一次预言性质的讲话中说道："似乎今天的科学回溯到数百万个世纪前，成功地证明了《圣经》里'要有光'这句话，从那一刻开始从虚无之中突然迸发出光的海洋与辐射，各种化学粒子分开，组成了数以百万计的星系……"似乎流传到今天的"创造"与"起源"两个词的混淆造成了各种争论。"创造"不是一个科学概念，"从虚无之中创造出宇宙"（出现化石、同位素、突触等等）不能用科学的方法证明或者驳倒，这不是一个科学概念。相反，给某一现象总结特点、为某一时间确定时间属于科学行为，因为这是对经验或者观察现象的考察（获得假设）。

起初，地球是一个炽热的圆球，重的元素（镍、铁等）沉入深处，轻的元素（钙、硅、气体等）浮上表面。地球逐渐冷却，地壳形成。当今发现的最古老岩石形成于44亿年前，位于澳大利亚的杰克山岗（Jack Hills）。在格陵兰岛，研究者发现了形成于38亿年前的含有碳的岩石。据推测，液态水和海洋大概在1亿~1.5亿年后形成。4~7个世纪的时间长度足够使所有的水分蒸发、凝结，然后降落到地球表面。

和地球同时形成的几颗行星都是气态行星，成分主要是氢和氦（木星、海王星等）。其他行星（水星、金星、地球、火星等）是固态行星，也就是类地行星，含有上述气体成分的很少。其中三颗行星（水星、金星、火星）体量太小，引力场不够强大，没有办法吸引足够质量的较轻气体，因此这三颗行星没有大气层。它们表面的气体被太阳风吹向太阳系边缘，然后被外边的气态行星捕获。

宇宙主要由两种很轻的原子组成：90%的氢原子和9%的氦原子。这两种原子无法组成化合物，更不会构成生命的最初形式。最重要的元素蕴含在剩下的1%的成分中！我们居住的星球特有的化学元素超过80种，在地壳中最常见的15种元素可以有多种多样的组合方式。氢元素和氧元素可以合成水分子，在矿物世界和生命世界里，对地球上的大多数化学反应来说，水分子既是反应器又是催化剂。

太阳系中存在水，但是只有在地球上，水才以液态形式存在。地球上的海洋占据了极其重要的部分：14亿立方千米，覆盖了3.61亿平方千米的面积，平均深度达到3800米，水几乎覆盖了地球上四分之三的面积。液态水只存在于特定范围的温度和压力条件下：0~100 摄氏度、大气压力。允许液态水存在的外界条件对于我们来说似乎很宽泛，但是在整个太阳系的角度看来这些条件非常苛刻。拿地球的两位邻居金星和火星为例，金星表面温度大约可以达到 500 摄氏度，如同极地般荒芜的火星表面温度达到零下 60 摄氏度。液态水之所以能够存在于地球之上是因为地球的大小适中（引力足以固定大气层防止气体逃逸）、与太阳距离合适（不会过热或者过冷）。根据外部情况估计，地球应该从来没有像火星现在一样经历过冰冻（30 亿年前土壤里的液体水变成冰），也没有经历过金星那样的温室效应（水蒸气在大气中遭到彻底地光解）。

地球上的水最初起源还存在争议，目前认为地球形成时灰尘聚集成一个直径最大为几千米的紧实球体时，海洋中的水来自地球吸积的最终阶段以及后来陨石群撞击地球的阶段。同位素研究的结果，似乎排除了水来自彗星的假设。根据各种迹象推测，液体水应该在地球历史的早期出现，在澳大利亚西北发现的 44 亿年前锆石[①]内氧的成分可以证明这一点。水呈现液态存在后，通过磨损与侵蚀作用，改变了地球部分表面的运行方式。地球表面相当多的成分活动性变强，以溶

---

① 可能含有包体、极度坚硬的矿石。

解的方式或者粒子的方式随处移动，各种元素重新分布，甚至在很深的地方也同样体现出来。

地球内部要比地球表面热很多，通过各种物质交换，内部的热量释放出来。地球表面冷却，形成坚硬的地壳，有些地方出现裂缝，滚烫的物质从这些地方涌出。这些裂缝越来越宽，导致各个大陆板块分离。被分开的各个大陆板块彼此接近、相撞，相互交叠，一些碎片带着岩石与矿物嵌入地球深处。各个大陆板块仿佛跳起了华尔兹，一些相互接近、结合，然后分开。这场宏大的舞会改变了大陆与海洋彼此之间的位置。

不同大陆板块彼此相遇、相撞，出现凸起，不但影响了水流动的路径，而且改变了水的"攻击性"。因为地球表面的高低起伏，让水流拥有力量，加大了水的侵蚀能力和携带能力，于是水在地球表面重新分布于各种物质的能力加强。水流切开石柱，雕塑高地，开辟山谷，形成各种崎岖蜿蜒、嵯峨雄伟的地貌。水流变幻，带走泥沙，削平高山，填满低谷。水流数千年的运动造就了大多数山峦，而且赋予今天世界各种景色以生命：湍流、瀑布、长江、大河……令人心驰神往，感叹自然之妙。

正是水促成生命的诞生，但是，什么是生命呢？生命与时间、意识一样，存在奇特之处："生命"这个概念司空见惯，然而很难赋予它一个准确的定义，大概对这个概念的接受比较模糊。长久以来，人们把有机世界（生命）与无机世界（无生命）对立起来。自从 19 世纪开始，这种二元对立的界限越来越不清晰，尽管如此，人们还是牢记亚里士多德（Aristote）给出的概念："所有自然界的物体中，有些拥有生命，有些没有生命。所谓生命指的是要摄取养分，自我生长，最终消亡的存在形式。"

定义什么是生命的行为绝不普通，而且不存在可以协调各个方面的完美定义。尽管如此，人们几乎一致接受了某些标准来说明什么是生命，比如新陈代谢（从环境中获得食物，把食物转化，排出废物）、复制的能力（繁衍）。生物与非生物在化学元素组成上也有区别。虽然生物（生物圈）、岩石（岩石圈）、水（水圈）、空气（大气）的化学元素相同，但各种元素的多少存在很大差别。在宇宙空间里存在大量的氢、氦、氧、碳；在地球上，氧和硅占绝大多数，从数量上看碳只占到第十四位。对于生物来说，氧、碳、氢、氮是最主要的四种元素，其中最关键的元素是碳，碳与神奇的生命周期中多种多样的复杂化学反应关系密切。

生命的起源仍然是未解之谜，没人知道生命究竟从什么地方、从什么时候、怎样出现的。从间接证据推测（有机物中的碳元素），生命起源于 38 亿年前。这个期限应该是生命出现最早的时代了，因为最后的大型高密度陨石雨在 39 亿年前到 40 亿年前还袭击地球，如果当时还存在更加古老的生命的话，那些生命一定被陨石雨抹去了。当然可以从逻辑上推理在 38 亿年前存在生命，可我们无法找到证据，这种假设没有办法得到证实。但有一件事情可以确定：生命在 35 亿年前已经存在（仍需要最终确认），大约在 30 亿年的时间里，细菌似乎是我们星球上唯一的居民。其他理论仍属于猜测，属于科学家、非科学人士讨论的话题。

生命体是几乎不可能存在的结构，不仅因为在宇宙范围内看，生命存在于非常局部的地方，而且生命属于十分有序的结构，而热力学的基本规律表明，随着时间的流逝，结构应该越来越无序，所以看起来这似乎是一对矛盾。实际这种情况的解释存在于生物消耗能量的能力当中，当生命组织失去了这种能力，它将走向无序，也就是说分解、消失。它的组成成分回到相对于地球表面物理、化学的平衡状态：大约 20 摄氏度、1 大气压、湿度在 30%~90% 之间。

对于生命来说必需的要素是拥有能源，在地球表面最容易得到的能源是太阳能。通常来说，各种生物通过直接或者间接的方式获得太阳能，生物有各种能力把太阳的光能转化成化学能源并储存起来。这些生物被称为食物链中的生产者，它们通常是绿色植物和一些细菌。其他生物组织通过摄取植物、消化糖分的方法，获得储存的化学能量，它们还需要消耗植物制造的氧气，在释放能量的化学反应中"燃烧"食物。在生物链更远端的地方，另一些动物猎捕食草动物，然后依次类推。即使那些分解原油的细菌所做的，也是使用数百万年前储存的能量。同样，我们开发煤炭、石油、天然气这样的化石能源，这种行为同样属于使用很久之前凭借光合作用生产出的能量。当燃烧石炭纪时的煤炭的时候，那是3亿年前的太阳能为我们提供热量。生物圈始终在自我更新，当一个生物组织死去，其有机结构分解，恢复成水蒸气、二氧化碳（CO_2）、储存的能量。这个过程可以通过火（森林、草原）的方式释放热量，或者通过细菌作为媒介进入土壤，或者通过包括人类在内的其他动物食用。生物圈与两种大气组成成分相互作用：水蒸气和二氧化碳。

20世纪70年代，大多数科学家认为生命是化学混合获得的意外结果，在宇宙中或许只出现了唯一的一次。雅克·莫诺（Jacques Monod）对这种观点作了如下总结："人类终于知道自己在浩瀚冷漠的宇宙中是唯一存在，人类的出现完全出于偶然。"几十年之后，科学界的观点出现了大幅度的转变，人们认为只要满足一定的条件，生命几乎极有可能诞生。诺贝尔医学奖获得者，来自比利时的细胞学家与生物化学家克里斯蒂安·德·迪夫（Christian de Duve）曾经表示，生命是"宇宙的必然"，在类似地球的行星上"几乎肯定出现"。这种生物学决定论明确表示"生命记录在自然法则里"。不言而喻，这种理论认为只要条件适合，生命可能在宇宙中多次出现。应该去其他行星寻找生命吗？2005年几位科学家在卡比利亚地区（Kabylie）[1] 进行巡回演讲，我们有时要等待很久才能拿到可以用的麦克风或者解决一个技术问题，这是与法国或者阿尔及利亚合作伙伴交流的好机会。安德烈·布哈克（André Brack）参加了那次活动，他长期担任欧洲航天局（ESA）宇宙生物学研究负责人，是探索生命起源的专家，擅长在其他行星上搜寻生命的痕迹。当时正是提出一些棘手问题的最好时机：究竟为什么要去其他星球寻找生命的痕迹呢？如果找到了，那只能证明其他星球上有生命。这一点的确很有趣，但是并不能解答生命如何起源这个问题。安德烈·布哈克回答，正因为如此，希望能够找到与我们已知地球上不同形态的生命。找到那样的生命可以更多地了解生命起源的限制条件，更加准确地探索生命起源可能的进程。

自从地球形成以来，各种事件指示生命的出现。一些是直接迹象，一些是间接迹象。它们提供了不同年代的指示，但是往往很难做到确定无疑，所以这也解释了为什么有很多相关讨论。图1中第二纵列是沉积岩的时间延伸状况（水下形成）。中间三个纵列对应生命的迹象。最右边的纵列指示大气中氧气的浓度。下边右侧表明大约在40亿年前出现过严重的陨石雨袭击，如果当时有生命存在的话，那场灾难可能摧

---

① 非洲国家阿尔及利亚北部的一个地区。

毁了所有的生命形式。

最早的生命标记物是同位素，新陈代谢的过程更加倾向于捕捉轻同位素，这些轻同位素聚集在生物产生的物质当中。

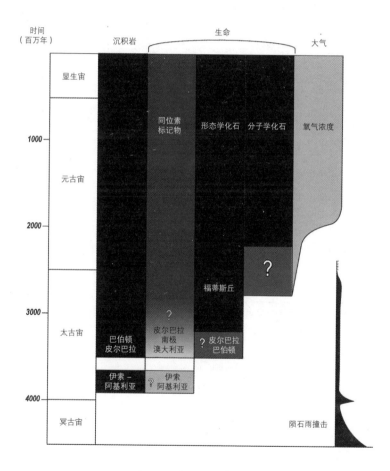

图 1　地球上的生命痕迹

因此认为在岩石中发现的同位素碎片属于生物活动的标记物。尽管如此，对于这些同位素的解释不应该妄下断言，因为它们也可能来自一些非生物活动进程。在格陵兰岛发现了最古老的生物痕迹（大约 38 亿年前），但这些痕迹究竟是否来自生物活动仍然存疑（所以图 1 中标记了问号）。确定无疑的最古老同位素标记物来自 35 亿年前的南极（西部澳大利亚）。它们与类似层叠石（细菌层）的结构结合，很难在这种层叠石结构中分辨出单独的细菌（皮尔巴拉）（Pilbara）。

最早的"形态学"化石来自 32 亿年前[1]南非的巴伯顿（Barberton）。

"分子学"化石（脂类化石）在 27 亿年前的岩石中发现，但那是属于污染。今天，最古老的分子学化石年龄是 21.5 亿年[2]。

虽然生命很早就已经出现，但在很长时间里非常低调地生活，几乎没有留下任何痕迹，但是生命已经开始了进化。

生命的起源是什么？答案很简单，一切都在《摩西五经》《圣经》《古兰经》等各种信仰书籍中"解释"得一清二楚。

---

[1] E. 亚沃（E. Javaux）等人（2010 年），《32 亿年前浅海硅质矿床微型有机化石》（Organic- walled Microfossils in 3,2 Billion-year-old Shallow-marine Siliclastic Deposits），《自然》（Nature），463，934-938 页。

[2] 由喀尔果（Gargaud）等人于 2009 年改编。

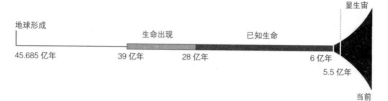

图 2　生命年代与地球年代的对比

在地球各地的人们始终承认生命持续出现，从有生命的物质与无生命的物质中出现。各种文明中都有相关的神话传说。潮湿季节种植的竹子里生出蚜虫，巴比伦人看到泥土中爬出的蠕虫，古埃及人居住的尼罗河畔从河泥里跑出蟾蜍与老鼠，花盆的水中生出各种微小的虫豸……很久以来，这种自发出现生命的想法广泛被人接受，甚至包括最具科学思想的人（比如，牛顿、笛卡尔），然而这种看法却让一些拥有悲悯思想的人感到不安。在 17 世纪，意大利托斯卡纳的一位医生弗朗切斯科·雷迪（Francesco Redi）证明蛆虫不是从腐肉中自发出现的。直到 1860 年，路易斯·巴斯德（Louis Pasteur）通过实验，让世人彻底放弃生命可以自发产生的想法。17 世纪末，他发明的显微镜，成为世界上观察"生命力量"标志性的工具。

　　1859 年，查尔斯·达尔文（Charles Darwin）发表了通过自然选择解释物种起源的著作。书中阐明了怎样通过缓慢的演化，生物怎样经过一点一滴的改变，进化成当下的样子。

于是，仿佛所有的生物都有一个共同的起源，"我们应该接受所有正在地球上生活的和曾经在地球上生活过的生命组织拥有唯一的初始祖先。"达尔文通过这样的方法简化了生命起源的问题。后来，人们开始了新征程，寻找"始祖细菌"。今天的科学家通过三条途径进行研究：第一，在古老的岩石中寻找生命的最初痕迹；第二，实验室中，在古老地球的条件下繁殖细胞；第三，搜索地外生命。地球上的生命是否只有唯一的来源呢？没人敢断言是否生命出现了不止一次，是否有一种形式的生命迅速占据统治地位然后消灭了其他生命。这种论据似乎并不充分，亚利桑那州立大学（l'Université d'Arizona）物理学家保罗·戴维斯（Paul Davies）认为，生命之间不一定必然存在竞争，在我们所知的机体无法生存的极端环境下，各种不同形态的生命可能孤立地存在。他还认为，在相同环境中生存的两种生命形式不一定使用同样的资源。所以，细菌与古菌是两种不同的微生物①，已经共存了超过30亿年，并没有出现竞争和相互排挤的情况。

　　虽然其他的生命形式今天不再存活于世，但是有些生命在灭绝前曾经蓬勃发展，并且在地质学记录中留下了它们生存的遗迹。它们的新陈代谢形式和已知的新陈代谢形式截然

---

　　① 其实这两种菌仍然拥有同一祖先，因为它们的基因密码相同，最重要的组成部分完全一致。

不同，比如很难用现存机体的生物学知识解释它们对岩石的改变，以及留下的矿物堆积。在远古的微型化石当中，可能隐藏着其他生命形式的有机分子，比如在32亿多年前岩石中发现的化石。另一种大胆的想法认为，其他形式的生命今天依然存在，组成阴影覆盖下的生物圈，只不过人们对其知之甚少，甚至一无所知。全部得到详细研究过的有机体显示它们都起于同源，于是推测同源的生物拥有一个潜在祖先，即最后的共同祖先（LUCA[①]），还被称为"共同祖先"。最后的共同祖先是假设存在的地球上全部形式生命的祖先（图3），根据基因密码库和蛋白质生物化学库，通过计算，可以推断生命没有同一起源的可能性极度微小。[②] 当然，所有的生命都拥有同样的生物化学相近的基因密码、细胞中相同的成分……但是除了真核细胞外（植物、动物以及其他拥有细胞核的细胞），能接受分析的生物组织比例极低。另外，要侦测出不同生命的生物化学活动，生物学家使用基于已知生命形式的侦测方法可能没有效果。随着新的基因序列检测的完成，通向其他生命形式的大门已经打开了一半。

那么，其他形式的生命存在于何处呢？可能存在于极端

[①] LUCA，last universal common ancestor。

[②] 普遍认为我们所知的生命形式有 $1/10^{2800}$ 的概率拥有几种起源，也就是说数十亿乘以数十亿乘以数十亿乘以数十亿……分之一的机会。

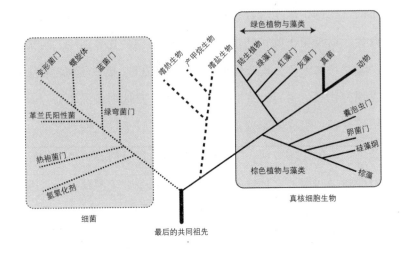

图 3　生物分类：三个各不相同的门

环境当中，比如40年前在探索火山脊时的发现（从地底玄武岩基质的地底涌出滚烫的熔岩，从火山上的孔洞流出，有细菌生活在海底火山口处）以及其他的恶劣生存条件（极高盐度、极度高温和极度寒冷）。即使在这些条件上存活的生物和普通的生命仍然有很多共同之处。在地球深处可能找到其他的生命形式——之后我们还会在文中谈到。一些宇宙生物学家想象其他生命形式使用其他代替水的溶剂（乙烷或者甲烷），还有些假设生物化学中的原子（碳、氢、氧、氮、磷）由其他元素代替。哈佛大学专家菲利霞·沃尔夫－西蒙（Felisa Wolfe-Simon）认为，对于我们已知生命体来说属于毒药的砷可能会在其他生命形态中代替磷，因为两者的化学特性相似。还可以想象除了已知的碳基生命之外可能存在的硅基生命。碳对于已知生物机体的生化反应中的地位至关重要，不需要碳的生命体和一定的已知生命形式大相径庭。

最初，生物所处的大气中没有氧气，它们利用太阳光和自己本身可进行光合作用的色素把水与二氧化碳转化成糖，把转瞬即逝的光能转化成可以储存的化学能。但是这样的转化过程催生了对当时生物机体有毒的副产品：氧。然而生物能够适应一切，一些生物还把氧这种有毒的副产品纳入到新陈代谢当中，乃至发展到今天我们甚至认为氧是各种生命不可或缺的元素，没有水也不能没有氧！这种原始形式的新陈代谢产生氧这种废物，在大约 35 亿年前改变了海洋的成分，然后氧在 32 亿年前被释放到大气当中，这一进程在 24 亿年前到 20 亿年前大幅加速。出现生物光合作用之前，地球上大气中的主要成分是二氧化碳，海洋里富含溶解在水中的绿色亚铁离子（Fe^{2+}）。随着氧气的出现，亚铁离子逐渐被氧化成红色的铁离子（Fe^{3+}）。铁以氧化铁的形式出现，在水中无法溶解，于是沉积在一起形成了厚厚的红色的矿层。[①] 海洋里清除了原有的铁，变得更加清澈，阳光能够照射到海洋更深的地方，

---

① 当今世界上超过 80% 的铁矿通过这样的方式形成（有红色氧化铁丰富的矿层和灰色或者绿色的含铁矿层交替存在，由此得名"条状铁层"）。

水中更多的植物能够进行光合作用，于是加速了氧的产生。

当所有的铁都沉淀下来，海洋中充满了溶解在水中的氧。这些氧的一部分进入大气当中，在原始大气的高层中，由于阳光的作用氧变成臭氧（O_3），由于大气中含有氧和臭氧，天空从原来的棕红色变成蓝色。臭氧的数量积聚到足够多的时候，吸收一部分阳光（刺激性最强的紫外线），这样，坚实的土地上才出现了生命。直到 5 亿年后，海洋深处的水才彻底被氧化。6 亿年前大气中氧气含量才达到接近今天的水平，即使大气成分出现起伏变化，但各种成分的比例 1 亿年以来（白垩纪）相对稳定。

最初的生物捕获二氧化碳释放氧气，导致环境中的化学物质失衡，最明显的痕迹是在光合作用的附近区域留下石灰岩。这些石灰岩就是生物的痕迹，这不仅仅只是它们外形的痕迹，这些石灰岩仿佛被锻压过的菜花，形成叠层石。这些叠层石不是生物，而是细菌纤维编织成的细菌毯沉积下来的结构，这种岩层部分非常厚，在几十亿年前的岩石中可以发现这样的结构，在时间更近的一些岩石中也存在这种结构，比如利马涅（Limagne）第三纪的沉积岩里。图 4 中展示的标本大约有 10 厘米，右侧的岩石标本属于原石，呈现菜花状。左侧是被剖开的岩石标本，为了展示随着时间流逝层层叠加的结构。比如在澳大利亚现在还有正在形成的叠层石。氧气的出现除了打破原有平衡之外，还在石灰岩中固定了二氧化碳，导致海水脱酸，二氧化碳含量明显降低。温室气体的减少让地面温度下降，有时温度下降幅度很大，曾经在数万年期间气温达到零下 50 摄氏度。水结冰，地面完全冻结，到处白茫茫一片，于是反射更多的太阳光，导致温度进一步下降，加剧冰冻程度。地球历史上出现过好几次这样的情况，地球冻结成了一个大雪球（这种极端温度的时代被称作"雪球地球"），地球表面温度在几百万年里保持在零下 10 摄氏度。各种气体在冰下聚集，由于火山活动的缘故突破地表（主要是二氧化碳），迅速大量地进入大气层，于是仅仅在几万年的时间里重复出现温室效应，地球解冻。

地球上最初的生命形式为了在多样的环境中生活显示出

图 4　第三纪叠层石（渐新世，3000 万年前）

了强大的适应能力，有些生物在人类这样的两足动物看来诡谲怪异。

对于地球生物在物理和化学上的忍耐极限，我们知道多少呢？

尽管有细菌能够生活在海底火山口，很容易在 100 摄氏度的地方存活，但是温度过高仍然是限制生命存在的重要因素（目前在熔化的岩浆里没有发现生命的存在），而在高压情况下生命却有生存的迹象。大肠杆菌（大肠埃希菌）（Escherichia coli）是一种很普通的细菌，与人类密不可分，在大肠内生活。大肠杆菌曾经被置于目前已知最强的压力之下（通过金刚石压砧获得如此大的压力）：在 25 摄氏度、10000 大气压（尖端的压力高达 16000 大气压）的环境下放置一个月！这种压力相当于 160 千米高的水柱产生的压力，相当于最深海沟 15 倍的压力，相当于地球深处 50 千米处的压力。接受测试的大肠杆菌的确受到了影响，但是经过这次试验后，很多受试的大肠杆菌仍然存活。看起来除了极其强大的外界压力之外，通常来说压力不属于限制生命存在的条件。与之相反，生命对过小的压力反而比较敏感，比如在小于 0.1 大气压的条件下，微生物就会死亡。另外，习惯于生活在厌氧条件下的大肠杆菌在有氧环境中能够迅速适应并且生长发育。

众所周知，腌火腿可以保存很长时间，但是其保质期也只能用季节为单位计算，而不能以地质年代为单位计算；此外，腌火腿的本质只是惰性有机物质的保存形式而已。一些卤虫属（Artemia）的小型甲壳类动物适应高盐度沼泽的生存环境，某些嗜盐的细菌可以在咸水湖一类的环境中生存。距离我们时间更久远的一些应该是"活着"的微生物在年龄达到数亿年的岩石中被发现。在 2000 年，对保留至今的 2.5 亿年前的盐内细菌进行 DNA 测序。一些 4.25 亿年前到 1100 万年前的盐晶体内包含细菌和嗜盐古菌，科研工作者从中分离出它们的 DNA 分子。这些发现引起众多的争论与批评：发现的细菌往往相对"年轻"，包含细菌的盐，则年代更加久远，我们不能排除这些盐遭到其他来源的细菌的污染，等等。大约半个世纪以来，有五十多个科研团队发表成果，提到了在极端条件下生物（细菌、真菌）生活的秘密，于是数百名作者[1]认为这些研究涉及的生物所跨年代从 6.5 亿年前直至今日。如果这些结果得以确认，那么要涉及两类研究。第一类研究是打开了研究地外生命的未来，因为以前在一些陨石中发现水质包体里含有岩盐。第二类研究是伦理问题，远古时代的那些生物一定

[1] M.J. 肯尼迪（M.J. Kennedy）、S.L. 瑞德（S.L. Reader）、L.M. 斯文克兹尼斯基（L.M. Swierczynski）（1994 年）《微生物保存的记录：生命强韧的证据》（*Preservation Record of Micro-organisms:Evidence of the Tenacity of Life*），《微生物学》（*Microbiology*），140，2513-2529 页。

和当时的环境彼此处在平衡状态。试想一下，如果我们复活远古时代的生物组织，但是它们已经和当下的环境不相容，那么会不会导致严重的大规模流行病？我们是不是正在玩火？

X射线对生物组织有强大的破坏力，但是有些生物似乎能够适应。有一种细菌（抗辐射奇异球菌）（Deinococcus radiodurans）可以承受伽马射线的强度是人类能够承受的一万倍。有一种生物学上和人类更加接近的生物（身体最好别距离这种生物太近）——蝎子尤其能够承受核爆炸产生的辐射。

当生存环境变得非常艰难的时候，有些生物可以让生命活动变慢，同时变得极为坚韧。生命的这种形态被称作"隐生"（隐匿的生命），新陈代谢变得非常缓慢，慢到几乎无法被察觉。经过长短不等的一段时间之后，进入隐生状态的生物重新开始正常、活跃的生命活动，即所谓的"再生"。这种情况在植物当中十分常见，比如：地衣、苔藓、种子，在部分生物中也有所体现。不同的生物种类在隐生期间会有不同程度的结构改变，新陈代谢速度减缓程度也彼此相异。当外界出现营养短缺的情况时，内生孢子是部分细菌对抗外界环境的形态。在这种状态下，细菌可以在很长时间里存活，根据验证，杆菌在这种状态下可以生存千年！细菌使用的第二种对抗环境的状态是包囊。细菌丢掉鞭毛后，细胞产生特殊化学结构的囊膜。通过这种自我保护的方法，葡萄固氮菌（Azotobacter vinelandii）可以在干燥的土地上坚持数年。在原生动物一类的单细胞生物中，很多都具备对抗恶劣环境的形态，有些种类通过演化能够制造出存活很多年[1]的包囊。当环境条件改善时，这些单细胞动物重新有了活力，开始除掉包囊，摄取营养，繁衍生息。

线虫、缓步动物、轮虫等微生物在干旱的环境中进入隐生状态，失去体内水分（脱水），失水比例占到起初自身水量的99%。缓步动物是极其微小的无脊椎生物，形态如同小熊崽，生活在苔藓里或者冰里。它们能够进入一种近乎失去生命的状态，生命活动几乎无法被察觉，可以降低到正常生命活动的0.01%。在实验室生物隐生状态的记录达到八年。[2]为了进入隐生状态，缓步动物缩回自己的八只足，几乎全部脱水，用自身合成的糖分代替细胞内的水分。这种糖分作用如同防冻剂，保存细胞结构。为了完善保护机制，缓步动物把自己封印在显微镜下才能看到的蜡球里。当外界环境正常后，这些仿佛"水中熊崽"的缓步动物在几个小时甚至几分钟里

[1] J. 博蒙（J. Beaumont）、P. 卡斯尔（P. Cassier）（1995年）《动物生物学，从原生动物到多细胞动物》（*Des protozoaires aux métazoaires épithélioneuriens*），杜诺出版社（Dunod）。

[2] J.-L. 东特（J.- L. D'Hondt）《不为人知的无脊椎动物》（*Les Invertébrés méconnus*），海洋学学院，325-328年；S. 迪法尔（S.Tirad, 2003）《动物的隐生与复活，生物与结构》（*Cryptobiose et reviviscence chez les animaux, le vivant et la structure*），《死亡研究》（*Études sur la mort*），2003/2, n°124, 81-89页。

就可以重新获得生命的活力。

　　这种脱水生存的方法是对抗干旱的利器，同时还可以对抗温度极端变化。极度寒冷可以导致组织内的水结冰，组织结构会遭到破坏，能够对抗结冰的生物就可以避免出现这样无法挽救的结果。很多物种具备这样的能力：原生动物、线虫、轮虫、缓步动物、甲壳动物、潮间带的软体动物、某些鱼类、两栖动物、爬行动物……防止冰冻带来的后果，就是防止组织内形成冰晶，冰晶会彻底破坏组织结构。值得一提的是，某些缓步动物的隐生形态，使它们可以在极地的冰里生存，这件事本身就是个奇迹。最近，一个英国科研团队把南极洲的缓步动物封存在接近零下200摄氏度的液态氮中几个月，出现令人震惊的一幕：在到达剑桥大学的时候，这些"冰中熊崽"仍然存活。

　　这样生命速度放缓的情况让人自问生命的定义是什么。"冷冻"的组织后来"复活"、休眠的种子重新燃起生命之火、干枯的种子经过几个世纪后再度正常发芽，这种生命形态如何定义？一些生物在几年甚至几十年时间里处在隐生状态，如果在隐生状态的生物也可以被认为具备生命的话，那么对生命的定义是依据其结构而不是依据其功能。这些结构在未来的日子里能够让生物行使生命的功能。尽管这些动物通过长时间的暂停活动延长了存在的时间，但是他们有着活跃生命的时间长度并没有延长。隐生是一种个体调整生物时间的方式，这种生存方式属于存活边缘，甚至可以认为隐生和死亡这两种状态相差无几。

由于隐生能够让生物在极端怪异的环境中存活，生命会存在于各种令人意想不到的地方。在地球各处几乎都有生命的存在，从最高的山峰顶端到最深的海洋沟壑，从酷热的沙漠到严寒的极地，在干旱的环境、无氧环境、各种生存条件极度恶劣的流体中。比如高盐度的水中或者石油当中……尽管如此，生物圈仅仅是地球表面上薄薄的一层。而有些细菌几乎不需要水，它们生活在距离地表4000米深的地方，生活在海洋地壳的岩石中。而且这些生物中有900种生活在无氧环境里，非常令人震惊！对于我们这样渺小的人类来说这种深度让人惊骇，但是和地球的深度（半径6500千米）比较起来这种深度实在微不足道。生物圈的深度虽然在不断增加，但是仍然属于存在于地球表面（深度不到地球半径的千分之一），仿佛是甜瓜表面放的一张玻璃纸①。另一个极端问题在于生物的大小。最小的病毒大小在尺度范围的最底端。一个病毒的平均大小仅有一个细菌的百分之一，病毒是最微小的微生物。一个普通的人体细胞直径有10微米（0.01毫米）。比如一个典型的杆状细菌长度大约是3微米（0.003毫米），很

① 一张玻璃纸厚度在0.04~0.2毫米之间，一个甜瓜的半径大于6厘米，二者之间的比例在千分之零点七到千分之三之间。

多微型真菌大小与之相同，念珠菌要更长些，小的球形细菌直径几乎不超过 0.4 微米。导致黄热病的病毒直径在 0.02 微米（0.00002 毫米）。2004 年科学家发现了一种巨型病毒，将其命名为拟菌病毒（Mimivirus），其直径达到 0.4 微米，拥有一些细菌的特征（其名称由此而来）。最近又发现了妈妈病毒（Mamavirus）、马赛病毒（Marseillevirus）、巨大病毒（Megavirus），这些都是巨型病毒的家族成员。后来在 2013 年又发现了潘多拉病毒（Pandoravirus），这种病毒直径长达 1 微米，拥有 2500 个基因，而普通病毒仅有几十个基因。2014 年，另一种体积巨大的病毒，阔口罐病毒（Pithovirus）从西伯利亚的冻土中被发现并公诸于世。直径 1.5 微米的阔口罐病毒与潘多拉病毒虽然同样"身形高大"，从基因上分析却截然不同。除了古菌、细菌、真核细胞生物之外，这些巨型病毒可能属于生物的第四分支。

体积最大的生物依然存活在我们的星球上，那就是蓝鲸，其体长超过 30 米，重量大约 200 吨。水的浮力帮助承受这样巨大的身躯。古生物学家告诉我们，很久以前陆地上曾经生活过巨型动物。虽然梁龙（Diplodocus）身长达到 30 米，和蓝鲸比起来仍然算得上"身材苗条"，梁龙的体重不会超过 12 吨。这些曾经存在的巨兽让电影导演浮想联翩，于是拍摄了各种反映巨型动物的电影。1933 年美国拍摄的第一版《金刚》中展示了巨猿，根据当时拍摄角度和不同电影版本估计，金刚身高在 15~20 米之间。1954 年日本拍摄了电影《哥斯拉》，这种身高 50 米的巨兽毁灭了东京，后来版本的电影中，哥斯拉的身高达到 80 米，然后达到 100 米。实际上这种身形的动物不可能在陆地上生存，由于重力的原因，陆生动物的身型不能超过某个极限[①]。所以动物体型越大，越容易被自己的体重压垮。组成身体的生物材料强度绝非无限的，引力和星球大小相关，所以生物身型的极限根据行星大小的不同各有差异。根据计算，地球上动物的身长极限大约在 40 米，火星上这个极限是 100 米（百米长的哥斯拉理论上可以在火星上生活，前提是火星上要存在饮用水、可以呼吸的空气，还要涂上足够的防晒霜免遭阳光辐射）。地球上曾经生活过几乎达到陆生动物极限大小的动物，那是梁龙的近亲地震龙（Séismosaure），这种恐龙的身长接近 40 米。2014 年在阿根廷潘帕斯发现恐龙化石，它可以称得上最大的恐龙。那是一只泰坦巨龙，体重在 77 吨左右，高度 20 米，身长 40 米。在体型巨大的生物中，不要忘记还存在巨型树木（美洲西部的巨杉可以轻松超过 100 米高，这还没有把它们巨大的根系

---

① 动物的体重与体积存在一定的比例，大体算来体重是身高的三次方，即 L^3。对于脊椎动物来说，骨骼强度与横截面积之间有一定的比例，是身高的平方，大致是 L^2。由此，压垮身体的力度 / 对抗的强度成一定比例：$L^3 / L^2 = L$。

计算在内)。所以,从最小的生物到最大的生物,几乎跨越了十个数量级(5×10^{-8}~100 米)。

　　可见曾经在地球上生活过以及当下在地球上生活的各种生物生存环境千变万化,大多数都生活在"正常"的温度与气压下,即 0~40 摄氏度之间与一个大气压下。有些生物在完全不同的环境下生活,就人类的角度看来,那属于极端环境。

生物在地球上定居的历史：大事记

在迅速浏览远古时代历史之前，有必要先了解一下各个年代具象化的表现。[1] 用通俗易懂的方式打个比方：自从最初发现生命的痕迹开始，至今已经有 35 亿年时间，我们把这段时间比作埃菲尔铁塔（图 5）。铁塔地基：35 亿年。第一层（距离地面 57 米）：细菌定居在地球的海洋中。第二层（115 米）：仍然代表海洋中有细菌生存。第三层（276 米）：代表 5.5 亿年前，海洋中的生命开始分化出各个种类，出现了不同的无脊椎动物。在 293 米高处：生物终于从海中走出，来到陆地上居住。在铁塔顶端天线顶尖处（327 米）：最后的 65 厘米

---

① 对于"古生代""中生代""新生代"地质年代，本书中沿用"Primaire""Secondaire""Tertiaire"，而没有采用地层学国际委员会规定的术语"Paléozoïque""Mésozoïque""Cénozoïque"。因为我们认为广大读者更容易接受前面的三种称呼。

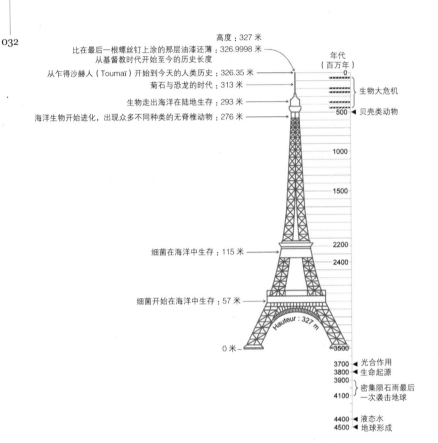

高度：327 米
比在最后一根螺丝钉上涂的那层油漆还薄：326.9998 米
从基督教时代开始至今的历史长度
从乍得沙赫人（Toumaï）开始到今天的人类历史：326.35 米
菊石与恐龙的时代：313 米
生物走出海洋在陆地生存：293 米
海洋生物开始进化，出现众多不同种类的无脊椎动物：276 米

年代
（百万年）
0
生物大危机
500 ◄ 贝壳类动物
1000
1500
2200
2400

细菌在海洋中生存：115 米

细菌开始在海洋中生存：57 米

Hauteur : 327 m

0 米
3500
3700 ◄ 光合作用
3800 ◄ 生命起源
3900
4100 密集陨石雨最后一次袭击地球
4400 ◄ 液态水
4500 ◄ 地球形成

图 5　用埃菲尔铁塔类比生物演化的各个阶段

代表从乍得沙赫人（Toumaï）[1] 开始到今天的人类演化历史，从基督教时代开始至今的历史长度相当于 0.2 毫米的高度，厚

---

[1] 科学家推测它们生存在 700 万年前，是人类与黑猩猩最近的共同祖先。

度比在最后一颗螺钉上刷的油漆厚度还要薄。这层薄薄油漆的厚度微不足道，人类的生命与人类社会的重要性在整个生命的长河中似乎没有我们自己想象得那么重要！

从极度简单的生命形式（有确凿证据支持[1]这种生命在35亿年前出现）到贝壳类生物（5.5亿年前）之间大约过去了30亿年。在这段漫长的时间里生命演化，出现了各种各样不同的生命形式，这些生命形式又反过来改变了陆地的生存环境（尤其是大气成分），但是现在能够用的直接证据不多。最著名的是在加拿大甘弗林特（Gunflint）发现的证据：19亿年前的岩石包含细菌、微型藻类、各种奇怪单细胞生物的化石。在2010年，发现了迄今为止年代最久远的多细胞生物化石，这一发现引起了重大反响，这些生物距离今天有21亿年。[2]如果得到最终确认，那么这种生物的出现时间比原来推测的要早了大约15亿年。距离我们年代更近的生物——水母、蠕虫、珊瑚、棘皮动物，在距今5.8亿年前到5.6亿年前在澳大

[1] 生命应该在39亿年前已经出现，但是为了谨慎起见把年限标注成38亿年前，因为那时存在比较可信的化学痕迹（图1）。生命最早的直接痕迹可以追溯到35亿年前。

[2] 埃尔·阿尔巴尼（El Albani）等人（2010），《大规模群居生物在有氧环境下的生长》（*Large Colonial Organisms with Coordinated Growth in Oxygenated Environments 2,1 Gyr*），《自然》（*Nature*），7月1日。

利亚伊迪亚卡拉（Ediacara）留下了痕迹。既没有贝壳也没有骨骼，这些软体动物的化石情况非常糟糕，而且很罕见：世界上只有五十多个地方含有那个年代的化石。

人类对于距今最近的 5.5 亿年地球上生物的历史知道得更加清楚，因为在地层中留下的遗迹更多、保存的质量更完好。生物并非无缘无故突然变得数量众多，因为生物进行矿化反应的能力越来越强，也就是说生物体产生矿物结构（贝壳、鳞甲、骨针等）的能力越来越强，促使生物繁荣发展。为什么这么多生物群体大获成功？为什么是在 5.5 亿年前这个时间段？有一种假设认为，让生物完成矿化反应，必须在短时间内能够提供充足的能量。只有在氧气浓度接近当今大气氧气含量 10% 的情况下，生物的矿化反应才能完成。

最早的脊椎动物大约在 5 亿年前出现，它们的骨骼是软骨，没有颌骨，没有牙齿，外形和鱼类相似。我们今天熟知的鱼类大约在 4.4 亿年前出现，鱼类的化石数量很多，有些化石保存十分完好。

生命从诞生至今，有十分之九的时间在海洋中进化发展（从 38 亿年前到 5 亿年前），那段时间生命始终存在于水中。我们应该看到[1]生物历史进程中最重要的事件发生在水中：细

---

[1] G. 博夫（G. Boeuf），《海洋生物多样性特点》（*Marine Biodiversity Characteristics*），法国科学院报告，巴黎。

胞核出现（真核细胞），与细菌共生，让这些细菌成为细胞的一部分（比如：让细胞呼吸的线粒体、让植物进行光合作用的叶绿体），当时各大洲的土地上没有任何生命，仅有各种岩石分布在地面，陆地上的景象如同今日的荒漠：塔克拉玛干沙漠（Takla-Makan）、阿哈加尔高原（Hoggar）、纳米比沙漠（Namib）。当然，陆地上还存在江河、湖、湍流。生命历史中另外一个重要的里程碑是生物从水中走上陆地（称呼这一过程为"征服陆地"是个错误，因为陆地上一无所有，没有任何东西"防御"）。

大约 5 亿年前，就像今天在一些荒漠中能够看到的一样，不论气温高低（在极地生活的驯鹿以食用地衣类植物为生），最早的地衣类植物开始在陆地上生长。这些地衣在岩石略微粗糙的缝隙处生长，然后坚强地攀援而上。地衣植物体内还没有水循环，只能依靠外界水分的浸润。它们如同小小的耕作者，只在地表薄薄一层的矿物层上耕作，为了其他生物的到来做准备。

在 4.7 亿年前到 4.6 亿年前（奥陶纪）（Ordovicien），大陆上的植物分布更加广泛。首先是一些没有导管的非常简单的植物，后来植物在 4.5 亿年前 ① 征服了陆地，然后开始

---

① P. 斯蒂曼斯（P. Steemans）等人（2009 年），《最早陆生维管植物的起源与辐射》（*Origin and Radiation of the Earliest Vascular Land Plant*），《科学》（*Science*），324，353 页。

垂直生长。大约 2000 万年之后，一些陆生节肢动物（蜱螨、蜘蛛、蜈蚣、原始的蝎子）开始在陆地上生活。它们的甲壳可以保护自己免受太阳光线的侵害，当时的臭氧层还不够厚，不足以阻挡紫外线。这些动物与植物组成了最初的复杂生物圈，从生产者到初级消费者、次级消费者、分解者，一应俱全。

　　大约 4 亿年前在泥盆纪（Dévonien），地球逐渐从重要山峦纷纷出现的时代走出来。现在可以在苏格兰 [克里多尼亚山脉由此得名，因为克里多尼亚（Caledonia）是苏格兰的旧名]、布列塔尼、阿登等地区看到当时山脉的遗迹。地球表面逐渐变得更加平整光滑：当时的地面非常平坦。当时的山峰并不巍峨，所以只要有暴风雨，大量的水就会涌入平整的大陆地区。暴风雨停歇之后，海水停留在地势低洼的地方，到处都有水塘、水洼，一些生物被困其中。当水干涸的时候，水中的很多生物死去，有些身体上有初级呼吸袋的生物很幸运地存活下来，它们的呼吸袋从某种程度上看就是肺的雏形。它们仅仅是存活下来，和"征服陆地""走出水来"这些话代表的意义相距甚远。无论如何，那些真正存活下来的动物最终适应了满是空气的陆地环境。在 4.15 亿年前，出现了第一批拥有输送汁液导管的植物——莱尼蕨门植物（Rhyniophyte），这种植物高度不超过 30 厘米。1500 万年后，超过 10 米高的森林已经在陆地上广泛分布。这种构成森林的高大植物俗称"狼爪"，学名"石松"（Lycopode），是介于地衣和蕨类之间的植物（今天的石松高度不超过几十厘米）。随着生长，石松很大一部分是盛满细胞间的水袋，即液泡。反过来，这些液泡会对细胞壁造成压力，细胞壁拉长，根据每株植物的轴线形成不同的形状。四足脊椎动物在 3.95 亿年之前在陆地上定居（泥盆纪中期），它们之所以能够在陆地上居住是因为已经在陆地上生长的植物给它们提供了必要的食物来源。很多动物和植物在从水生转为陆生的过程中出现了各种适应环境的改变，比如呼吸、对水的管理，因为在陆地上重力的影响要比在水中明显得多。

腔棘鱼及与之类似的部分鱼类最先走上陆地，它们的后代是另一种脊椎动物：两栖动物，青蛙和蝾螈是这些鱼类的后代子孙。由于它们的生活模式，两栖动物总是依附于水，生活范围包括陆地上和水中两个世界。两栖动物的后代是爬行动物，大约在 3.2 亿前年到 3.1 亿年前出现，然后在陆地上繁衍扩张，经过一场重大危机后，甚至在最恶劣的环境下定居。在进化过程中出现的一场革新，让这些两栖动物能够彻底离开水繁衍后代，（加拿大新苏格兰的）乔金斯林蜥（Hylonomus de Joggins）化石证明了这一事实。这次革新是它们的卵进化出胚外膜，这样卵可以在非水生环境中生长，可以将其称为"羊膜"。胚胎得到硬卵壳和母亲的子宫保护，在羊膜内黏稠的流质环境中生长。今天在诸如

038　爬行动物、鸟类、人类在内的哺乳动物等很多脊椎动物中仍然存在羊膜，从此以后这些动物可以远离水生环境生活，不必像两栖动物一样依赖水，能够走向以前无法到达的更加深远的陆地。

　　在 2.1 亿年前的三叠纪（Trias），走出水生环境、初步具备体温调节能力，这两项能力让动物们（兽孔目动物）更加有效率。尽管要花很多能量控制体内的温度，但是适应能力和在新环境生存的能力大幅增强。然而昌盛一时的兽孔目动物在三叠纪末期的时候也走向了衰亡，恐龙类的爬行动物登上舞台，它们种类繁多，以至于它们生活的中生代往往被称为"爬行动物的时代"。这些爬行动物的很多化石保存完好，高大宏伟，是最令人惊叹的化石（恐龙化石、大型海上爬行动物等），这些化石可能让人对当时的生物圈产生误解，因为很多同时代的动物身材其实比较矮小。陆生生物的另一个重大发展是植物演化出了花朵（被子植物），被子植物在白垩纪（1.4 亿年前到 7 千万年前）沦为二流植物，裸子植物（苏铁目和球果植物）由于各种能够授粉的昆虫数量大增繁荣发展，彻底改变了生态系统。最终在白垩纪末期（6500 万年前）大型爬行动物消失，让哺乳动物统治了陆地的生态系统。另外，部分哺乳动物返回了海洋，比如鲸、鼠海豚、海豹。

　　自从白垩纪后动物种类变得繁多以后，从人类中心论的角度来说，除了出现了以人类为代表的双足动物之外，再没有更多值得一提的大事了。这段漫长的生命的历史将延续下去，没有要结束的迹象。不论我们人类的行为如何，生物圈的各项元素都将存活下去，直到太阳影响地球，使地球上的环境不再适合生命生存为止，那个时刻距今还有大约几十亿年。

我们刚刚浏览过这段漫长的生命历史，难道没有暗指生命的历史是一个不断走向进步、不断向高级生命变化的过程吗？然而答案是否定的，生物演化不代表进步。随着海浪漂浮摇摆的单细胞藻类、我们走在草原上时从脚边跳走的蚱蜢、我们儿时的朋友，所有这些生物的进化程度相等，因为他们距离大家远古时代的共同祖先的时间长度相同（大约15亿年）。与人类相比，微型藻类和共同祖先之间甚至拥有更多代。个体对自己生存的时刻与地点的适应和生存的共同结果是生物演化，这个概念中最重要的是"时刻"与"地点"两个词。如果现在的陆生哺乳动物能够回到古生代的话，就都无法存活。所以，生物始终在适应自己的生存环境，生命没有进步，仅仅是做出改变，"进步"这种概念在生物演化过程中属于异类词汇。正如史蒂芬·杰伊·古尔德（Stephen

040 Jay Gould）[1] 所说："进步是建立在社会偏见和心理希望基础上的幻想。"他在同一部作品[2]中进一步阐明："我们仍然死命坚持生命演化是在进步的观点，因为我们还没有准备好放弃达尔文进化论的观点，因为这条理论是在不断变化的世界上维持人类骄傲的最大希望。"

当然，我们可以研究这种或者那种生命体的复杂程度，一些生物的演化可以表现为复杂程度增加。比如，昆虫完全变态的生命周期（比如，蝴蝶）一定比4亿年前它们在地球上生活的祖先更复杂，尽管如此，这个复杂程度的概念并不容易被掌握、使用。应该理解所谓的结构复杂程度所代表的含义：一个具备众多功能的原生生物细胞要比我们的肌肉细胞甚至大脑细胞更加复杂！组成我们身体的一个个细胞远不是最复杂的细胞，如果按照细胞数量论成败的话，鲸会当仁不让地取得冠军！如果我们认为人类是最复杂的生命形式，其他生物都在人类之下的话，这明显是个错误的视角。即使某些生命结构在演化过程中变得更加复杂，仍然要注意复杂程度的增加并非那么关键，应该根据动物或者植物的表现对

---

① 史蒂芬·杰伊·古尔德（Stephen Jay Gould，1941-2002），美国古生物学家、进化生物学家、科学历史学家。

② S.J. 古尔德（S.J. Gould，1997），《生物品种》（L'Éventail du vivant），瑟耶出版社（Le Seuil），《开放科学》丛书 [coll.（Science ouverte）]。

其进化程度进行评估。我们的地球上大多数生物是单细胞生物，今天的细菌，其复杂程度和古生代之初细菌的复杂程度没有太大区别。换句话说，生物演化过程中，变得更加复杂这种现象仅仅表现在一部分生物身上，而这些生物并不是数量最多的生物。所以，我们应该保持一颗谦逊的心！

2

·

·

·

曾几何时，生物多样性

·

·

·

自然界最伟大的创造者是时间。[①]

——布丰（Buffon）[②]

　　看到……令人震惊的繁多生物种类，它们分布在大地表面，乃至大陆内部……这无疑是全面进化的结果。除了一些现代的自然学家，所有学者和所有人都赞同，把丰富的物种看成《圣经》中所记载大洪水的纪念、旧世界毁灭后的遗迹。这份证据非常强烈，而且常常被使用。然而人们总是把它与古埃及金字塔的古老对比，这些遗迹几乎可以追溯到世界诞生：作为建筑材料的石头中已经发现有分解的贝壳了。这些石头形成后过了多少个世纪？在不接受世界是永恒的前提下，怎样解释这种现象？[③]

——德尼·狄德罗[④]

　　① 布丰（Buffon），《地球历史》（*Histoire de la Terre*），1756 Ⅵ，60 页。
　　② 布丰（Comte de Buffon, 1707-1788），法国博物学家、生物学家、数学家，他的思想影响深远，被誉为"18 世纪后半叶的博物学之父"。
　　③《百科全书》（*Encyclopédie*），狄德罗（Diderto），第一版，t，Ⅳ，798 页。
　　④ 德尼·狄德罗（Denis Diderot, 1713-1784），法国启蒙思想家、唯物主义哲学家、作家、百科全书派的代表人物，最大的成就是编纂了《百科全书》。

既神奇又神秘的化石

　　我们通过地质沉积底层的矿物、化学成分、结构、褶皱、断层了解地球的历史；通过化石了解生物个体的历史。这些见证虽然支离破碎，但是十分珍贵。各种化石提供了一幅全景图，不仅展现了生命演化的宏大历史，还展现了生物个体的小历史[①]、生物分布的变化、景色的变迁、生物系统的演化，在更广阔的层面上让我们看到生物与地球不同环境（固体、液体、气体）的相互作用。

　　"化石"一词来自拉丁语 Fodere，表示"掩埋"的意思。很长时间以来这个词指代所有从土地中挖掘出来、引起好奇、作为见证的物品。这个物品可能是贝壳、结石、矿物。一块化石是过去生命直接或者间接的痕迹：一根骨头、一颗牙齿、

---

　　① 比如，用某个生物生存或者死亡的环境、在泥土里留下的痕迹推断动物的移动速度、重量，还可以推断生长程度、伤口、寄生虫、疾病、濒死状态。

一株植物、一个微型浮游生物的微型贝壳、粪便的石化、脚印、一小块煤炭、一颗种子，等等。所有这些都和过去的生命有联系，并且一直保存至今成为化石。化石是从前的痕迹。大多数生物在死亡的时候被毁掉，但是有些生物或者有些生物的一部分得以保存下来，它们是过去的见证。

当人们看到各种各样丰富的化石时，可能会以为自然界中化石分布范围非常广泛。的确，世界上有些地方保存着很多生物活动的痕迹（洞穴、足迹、抓痕、脚掌的痕迹、行走的痕迹等），数以千计的贝壳、鱼类化石，当今的人类通过化石，有时仅仅通过化石残片而认识了很多已经不存在的动物与植物。实际上，自然界中的化石属于特殊现象，在博物馆中展览的大型骨架更是罕见（尤其是一些宏伟高大的恐龙化石）。很多化石包裹在相当坚硬粗糙的岩石里，而且化石保存的质量要取决于沉积作用创造的条件如何。有些岩石结构非常精细（比如琥珀），能够完美地保存毛发、羽毛、皮肤、机体柔软的部分（对于人类了解微小的细菌、没有骨骼的生物来说非常珍贵）。有时我们只能在岩石中发现化石留下的"铸模"，这种情况下原本的化石，不论是贝壳还是骨骼，已经完全分解掉了，剩下的只是岩石中的印记，印记中可能充满了其他的矿物。所以有时可能发现贝壳的印记中充满了矿物晶体、金属（银）、宝石（绿宝石），这些物质经由水流经过岩石之间缝隙而沉积于此。

由于这种化石具备非凡的意义与价值，吸引了很多爱好者，他们充满激情地搜寻、收集这种美丽的化石。博物馆和大学丰富的收藏是 18 世纪珍奇屋[①]的继承者。

在真正意义上的化石科学研究活动出现之前，这种从土地或者岩石中搜寻化石的活动引起了很多疑问，由此产生了很多著名的人物、事件，衍生出各种异想天开的活动，诞生了众多的神秘传说乃至宗教活动。化石的影响还反映在地名上，比如在法国尚博莱斯（Cambrésis）的小城镇埃讷（Enes），有个地方被称为"心之谷"，这个地名出现的原因很简单：这个地区白垩遍地，有很多小蛸枕（Micraster）一类呈心形的海胆化石。

这些化石周围笼罩着神秘与美丽，人们把它们用作装饰、珠宝、护身符。一定是由于这样的原因，人们在荣纳省（Yonne）屈尔河畔阿尔西（Arcy-sur-Cure）的史前洞穴里找到那些化石。在同一区域还发现了一处名叫"三叶虫洞"的史前洞穴，因为在这座洞里发现了很多旧石器时代晚期的古老化石。三叶虫的化石一定来自其他地区，因为在荣纳省，甚至在整个勃艮第地区（Bourgogne）都缺乏三叶虫化石可能存在的地层。在阿里埃日省（Ariège），人们在距离 150 千米

① 珍奇屋是 15~18 世纪欧洲收藏家珍藏、陈列自己藏品的屋子。

的另一处考古发掘地发现了穿孔的鲨鱼牙齿的化石，在石器时代晚期人类把这种鲨鱼牙齿当作项链坠。或许当时这种化石的形状或者牙齿的米色很讨女性（或者男性）喜欢吧？没人知道答案。但是这些东西引起了我们祖先的注意，因为在欧洲很多考古地点都发现了类似的东西。

有些化石在民间偏方中占据重要地位，比如一些地区人们会认为箭石鞘在暴雨的时候从天而降，具有很多医疗功能（治疗风湿、眼伤、消除噩梦、解巫术等）。有人认为某些海胆出自同源，是雷霆的产物，它们保证天空能够出现闪电：在法国城镇塔拉斯孔（Tarascon），人们觉得只要把被誉为"圣皮埃尔石"的海胆扔在房顶上就可以保护这栋房子。根据一则马耳他传说叙述，圣皮埃尔遇到海难来到马耳他这座岛屿上，蛇咬了他，于是他把蛇的舌头变成石头作为惩罚，当时人们这样解释发现的鲨鱼牙齿化石的来源，而且以前人们把这种化石称作"格罗斯派特"（Glossopètres）（意思是"石舌"）。所以，人们觉得这些鲨鱼牙齿化石可能是某些毒药的解药。在其他地方（日本）对同样的鲨鱼牙齿化石有不同的解释，它们被认为是山中神兽的指甲。同样，有些地区认为牡蛎化石、螺蛎化石是魔鬼的爪子，能够治疗关节炎。人们往往凭借化石本身能够让人想起什么来推断它们的功效。所以，一些腕足动物好像眼球，人们就觉得有治疗眼疾的功效；类似犄角的化石（哺乳动物骨头的化石或者是独角鲸的牙齿）

被用来治疗男性生殖系统障碍。类似的例子非常多，比如菊石的化石让人想起阿蒙神①那样的羊角，不同地方的人觉得菊石拥有各种奇怪的功效，很难理解为什么人们会有这样的想法。苏格兰人使用菊石治疗家畜，缓解牛肌肉痉挛（用混有菊石的液体给牛洗澡）；德国人宣称菊石能促进母牛产奶（应该把菊石放在挤奶桶里）。

化石很美，人们把化石当成装饰品。所以亚利桑那针叶树（三叠纪南洋杉）（araucaria du Trias）树干石化后的剖面片被卖出高价；2009年4月在巴黎佳士得拍卖行（Christie's）鱼龙（中生代海洋爬行动物）骨骼化石卖出了18万欧元的价格；一条北达科他三角龙化石的价格是那条鱼龙化石的3倍（该三角龙化石目前被赠予波士顿科学博物馆）。菊石那种盘曲的形状给人带来美的享受，让很多数学家为其和谐统一的形态惊叹不已。化石往往用作珠宝（项链、手镯、琥珀吊坠最为常见），还被人用作广告宣传，有时候真的很难理解化石与广告之间的内在逻辑关系。比如在里尔、斯特拉斯堡的饭店把恐龙和分葱的葱瓣联系在一起；一个生产手表、手包、钱包、太阳镜等产品的品牌选择"化石（Fossil）"作为品牌

---

① 阿蒙神是古埃及神灵，然后成为希腊神灵，通常的形象是长着卷曲的胡子、羊的耳朵和犄角。不要与著名的埃及神灵阿蒙混淆，因为埃及神灵阿蒙并没有具体的代表形象。

名称；一种烟斗也被命名为"化石"；一款软件选择"化石"作为名称来彰显自己的现代化。[1]

　　古时候就有人理解了"化石"的真正含义。色诺芬尼（Xénophane de Colophon）[2]（公元前 5 世纪或者 4 世纪）记载了土地里以及山中存在贝壳化石的事件。他从小亚细亚移居到西西里，发现了在锡拉库萨（Syracuse）采石场石头里的海藻化石。古希腊的毕达哥拉斯（Pythagore）[3]（约公元前 570—前 480）、希罗多德（Hérodote）[4]（约公元前 484—前 420）都认为贝壳化石是过去海洋中的生物存留下来的遗迹。奥维德（Ovide）在《变形记》（第十五册，260）中写到了我们时代之初："我看到曾经坚实的土地如今成为汪洋，我看见大地从波涛中耸立而起，看到远离安菲特里忒的海螺：在高山之中人们发现了陈旧的船锚。"大约同时代，斯特拉博（Strabon）认为在山中出现的贝壳来自海潮。自从古代就有两派不同的观点，一派认为世界始终如一、没有改变，比

---

　　① 帕特里克·德·韦弗（Patrick de Wever）在《珍品手册》（*Carnets de curiosités*），艾利普斯出版社（Ellipses），一书中举了大量例子。

　　② 色诺芬尼（约公元前 570－前 470），古希腊哲学家、诗人、历史学家、宗教评论家。

　　③ 毕达哥拉斯（约公元前 570－前 495），古希腊哲学家、数学家、音乐理论家。

　　④ 希罗多德（约公元前 480－前 425），古希腊作家。

如亚里士多德；另一派认为世界历经各种沧海桑田的变化，比如色诺芬尼、奥维德，甚至还有些人觉得世界经历过各种灾难性的变故，比如斯特拉博。

中世纪时，很多人觉得化石与信仰和传说紧密相连：人们觉得大型脊椎动物骨骼化石，比如乳齿象的化石，是圣人、骑士埋葬的巨人或者巨龙的遗骸。荷马史诗中，独眼巨人的来源是西西里矮象的头骨，头骨正前方的鼻孔很像独眼的眼眶！在英国，人们很长时间认为菊石是失去头颅、盘曲成一团后被石化的蛇。

在文艺复兴时代，达芬奇证明，和很多人想象的相反，在意大利陆地上发现的海洋动物化石不可能是《圣经》记载大洪水后的遗迹，因为不同地质年代的地层相互交叠，人们在那里找到了化石。达芬奇的观察已经预言后来的地层学研究和地质学分析。如果达芬奇继续跟随直觉进行深入研究，了解沉积作用耗费漫长时间的话，那么科学发展局面将大为不同。可是他并没有把直觉转化成系统的知识，于是没能提出假设，质疑《圣经》中关于地球形成的理论。大约同一时

代的贝尔纳·巴利斯（Bernard Palissy）[1]认为贝壳化石原来
是生物，"无知的人们认为自然或者天空通过神迹创造了（化
石），仿佛人们看不到随着漫长的时间贝壳数量增多的情况，
仿佛人们不能通过贝类与蜗牛的壳算出它们生命的长度，这
些埋在地下的动物化石身上没有任何可以在泥土或者岩石上
挖掘的器官。我们为什么能在不同的岩石层之间找到大量的
贝壳碎片呢？因为那些贝壳生长在海滩上，然后被海水带来
的泥土掩盖，然后这些泥土石化"。丰特奈尔（Fontenelle）在
1720年致敬贝尔纳·巴利斯（Bernard Palissy）说："他是一
个陶工，不懂拉丁语、不懂古希腊语。16世纪末，在巴黎，
他是第一个敢于在众多大学者面前表示贝壳化石是古时候大
海留下的真正贝壳。而且在那些地方还能找到形象各异的其
他动物，尤其是鱼类的化石。"[2]

---

[1] 贝尔纳·巴利斯（Bernard Palissy，1510-1589），法国著名学者、
画家、玻璃制作工匠、陶工。他于1563年所著《真正的秘诀》提到，
通过这个秘诀所有法国人都可以学习怎样增加自己的身家。对于那些
大字不识的人可以学习全人类必要的哲学。本书中包含令人愉快的花
园设计方案。还有人们从没有提起过、不可攻破堡垒的设计方案，是
由拉罗谢尔（La Rochelle）所设计的。

[2] 贝尔纳·德·丰特奈尔（B. de Fontenelle，1720），《雷奥米尔
关于都兰贝壳化石的论文总结》（*Résumé du mémoire de Réaumur sur
les coquilles fossiles de Touraine*），《历史、学院、皇家、科学》（*Hist.
acad. roy. sc*），5-6页。

在 17 世纪到 18 世纪的时候，人们对化石的来源争论不休，而且有各种荒唐的理论解释其来源：造物主的尝试、魔鬼的作品、自主形成的物品、自然的游戏、朝圣者遗弃的贝壳，等等。一些心存好奇的人还研究化石形成的原因与时代。当时一个流传很广的说法是，这些化石是在《圣经》记载的大洪水中死去的生物。这种说法有双重优势，既符合《圣经》的记载，又解释了为什么在山里会出现贝壳和鱼类的化石。《圣经》中大洪水的解释可能对某些人来说很合理，但是处在山中这一事实又与这种说法产生矛盾。因为沉积层厚度惊人，根据各个地层折叠、侵蚀的情况来判断，那是一段非常漫长的岁月，可是《圣经》中记载的大洪水只是很短暂的时间，是一次性的灾难事件。而岩石本身可以证明，化石所在的那段时间是一段漫长的历史，经历了各种沧海桑田的变迁。

伏尔泰成了自己哲学思想的受害者，他不合时宜地加入了这场论战。他所在的阵营认为这些化石仅仅是大自然的偶然产物或者是朝圣者扔下的食物残渣。伏尔泰根据"圣体（Saine physique）理论"推理，认为瑟尼山（Mont Cenis）上的化石是从叙利亚朝圣者的外衣里掉出来的，整条鱼的化石是古罗马人的残羹剩饭，因为那些鱼不新鲜。有人对这样的观点做出了反应，埃蒂安·法尔科内（Etienne Falconet）[1] 写道："一个拥有智慧的人随随便便写下这样的言语，自以为凭借浅薄的知识就有权处理各个领域的问题。"天主教的沙博内神父（Chabonnet）表示："我们毫不怀疑，这些埋在地里的贝壳曾经是活生生的，现在留下的是它们的遗体，这些贝类以前生活在这片区域。所以伏尔泰先生的理论基础完全站不住脚。"令人吃惊的是，实际情况与人们想象的相反，自由主义思想的哲学家支持神话传说的理论，教会的神父支持科学观察的结果。当时启蒙时代的具体背景可以解释这种现象。伏尔泰之所以提出这样的观点，是希望避免自己的论断成为支持《圣经》理论的论据，他反对《圣经》记载大洪水的理论或者造物主的理论，所以此时此刻他并没彻底自由地给出诠释。沙博内神父（Chabonnet）觉得贝壳化石能够支撑《圣经》记载的大洪水理论，由此证明《圣经》故事的真实性。正如伏尔泰笔下的人物潘格罗士（Pangloss）所说："在完美世界中，一切都会更好。"

在 18 世纪，尽管大多数学识渊博的人已经达成一致意见，但是仍然有人对化石的属性争论不休。1752 年，埃利·贝特朗（Elie Bertrand）仍然支持"长着各种图案"的化石起

[1] 埃蒂安·法尔科内（1716-1791），法国雕塑家。

源来自矿物而不是生物。让 - 埃蒂安·盖塔尔（Jean-Etienne
Guettard）[1]"回应了贝特朗的妄言呓语"，详细说明了生物变
成化石的过程，讨论了化石大量堆积的缘起（尤其是法国杜
兰地区的化石堆积），这样才结束了有关化石从何而来的争
论。但是盖塔尔与沙博内神父（Chabonnet）对于宗教问题意
见统一（盖塔尔是然森教派教徒），他认为上帝创造了世界，
也创造了化石。尽管与布丰对于化石的生物属性方面看法相
近，但是他强烈反对布丰的物质论观点[2]。布丰对于化石的属
性问题始终保持清醒，认为化石是曾经生活在地球上的生物，
现在这些生物已经不复存在。所以布丰的科学研究前后一致，
在 18 世纪，他已经勇敢的出版书籍，称地球大约有 7.5 万岁
（他在笔记上写地球应该有几百万岁，但是并没有公布这个观
点）。在当时，公开说地球历史如此古老已经算得上惊世骇俗，
因为教会宣称地球在公元前 404 年 10 月 26 日被上帝创造。

---

① 让 - 埃蒂安·盖塔尔（1715-1786），法国自然学家。

② 让 - 埃蒂安·盖塔尔（Jean-Etienne Guettard），《第一论文关
于珊瑚纲海洋身体物体的若干化石；科学、艺术论文第二卷、第三
卷的补充，在论文中谈论类似化石问题。》（*Premier mémoire. Sur
plusieurs corps marins fossiles de la classe des coraux ; supplément aux
Mémoires du second et du troisième volumes des Mémoires sur les Sciences
et les Arts, dans lesquels il a été question de fossiles semblables*），《科学、
艺术不同领域论文》（*Mémoire sur différentes parties des Sciences et des
Arts*）卷IV，53 页。

由此，地球上生命历史的概念诞生了。

1819 年，埃朗根（Erlangen）的矿物学教授卡尔·冯·劳默尔（K. Von Raumer）面对新思想提出了复古的理论，认为西里西亚煤炭的植物化石是植物的胚胎，隐藏在地球深处，从来没有成长到出生的阶段。他认为，植物化石不是古老生物的遗迹，而是尚未长成沉睡的机体！这种观点很快被边缘化，在 19 世纪初出现了两种观点，一种认为生命是逐渐向前发展的，另一种认为生命是跳跃发展的，总体来说，人们认同生命有自己的发展历史。

英国地质学家查尔斯·莱尔（Charles Lyell）提出了以下假设：地球连续不断地经历一个又一个周期的改变，地球的年龄估计在数百万年。而且这些改变永远存在，不会突然出现或者突然停止，时间是最重要的因素。并且他还提出了"将今论古"的原则，即现在我们眼前出现的自然现象是时间数百万年间对地球塑造的结果。达尔文吸收了这一原则并将其应用在生物演化的理论中——"自然不会跳跃前进"。莱尔是革新者，他为地质学研究创立了根据地球历史编写地质年代的新方法，并且他在伽利略（Galilée）和布丰之后理解了时间是地质学最重要的解释原则。1828 年的一次出行，让莱尔意识到地质年代的久远程度与自己工作的缓慢。当时他在法国奥弗涅（Auvergne）观察火山以及沉积物。在地质沉积中他发现泥灰岩分成很薄的层次，好像树干的年轮一样，随着树木成长每过一年增加一圈。这些泥灰岩的分层每一层相当于一年的沉积，每层都是微小的甲壳动物。2.5厘米厚的泥灰岩有三十层，那块泥灰岩的总厚度有230米。那一片地和其他地方相比算年代比较接近的，应该是27.6万年间海洋持续不断地带来沙土沉积的结果。这种在长时间没有突然变化的进程与乔治·居维叶（Georges Cuvier）的理论相反。

居维叶也同意地质学时间漫长的理论，但他对变化的看法与莱尔的理论，以及后来达尔文的理论完全相反。他的研究成果在欧洲大获成功，其中两个主要概念脱颖而出而且被人所接受：比较解剖学，以及地球历史过程中出现一系列连续的、彼此没有关系的生物。居维叶在19世纪末期在巴黎蒙马特高地附近的石膏土地中发现了化石碎片，然后用这些化石碎片组合出一个不知名的四足动物，展示出已经灭绝动物的形态。他的展示引起了巨大反响，巴尔扎克对他的工作非常赞赏，将1835年出版的《高老头》献给居维叶，在《驴皮记》的前言中提到居维叶的名字："居维叶难道不是本世纪最伟大的诗人吗？这位不朽的自然学家用白骨重新构建了世界，用煤炭重建了生活着各种动物的远古丛林，发现了猛犸象脚下的巨型生物。人类的灵魂感到恐惧，因为看到了数十亿年的光阴，看到了人类微弱记忆中的生物，看到了已经被遗忘但坚不可摧的古迹，其化作尘土，现在浮现在地球表面，变成土地为我们提供面包与花朵。"和第一条理论不同，居维叶的另一个重要理论是完全错误的。他认为地球上生活着一代一代各种不同的生物，它们独自演化，由于自然灾难，经过一段时间后就会灭绝，即所谓的"灾变论"。他认为地球上的生物在不断变化，尽管存在不同状态，但是各种生物存在时的状态稳定不变。在这种大背景下，科学家对于地球拥有漫长历史的理论达成一致，但是就"模态"问题各持己见。亨利 - 玛力·杜克罗泰·德·布兰维尔（Henri- Marie Ducrotay de Blainville）在 1832 年提出了这个古生物学术语。

人们公认为化石是古生物的遗迹，它们曾经在远古时代很长的时间段里生活在地球上。然后又开始了一个新的讨论焦点。仔细观察化石，人们把当时存在的生物与化石做比较，拉马克（Jean- Baptiste Pierre Antoine de Monet, chevalier de Lamarck）在 19 世纪初有一条革命性理论：生物随着时间的流逝发生变化，换句话说，生物在不断演化。拉马克与居维叶、莱尔与居维叶的观点相抵触，于是科学界展开了激烈争论，这些争论推动了科学进步。40 年之后，达尔文对当时存在的动物进行观察研究，然后提出了进化论。

在化石的协助下，生物演化的轮廓已经呈现出来，生物演化是连续不断的不可逆现象。有些生物昙花一现，组成了非常有用的"路标"。组成生物多样性的成员们随着时间的流逝逐渐变化，有些变化程度很大。各种危机的作用是分割地质年代，地质年代也能在一定程度上反映生物多样性。今天，古生物学家根据化石、现存生物的历史、地质化学揭示的间接证据回顾生物的历史，确认各种生物谱系的变化。全部生物演化的宏大画卷中，人类脱颖而出，尽管人类有独特之处，但是仍然是整个生物演化全景中的一个组成部分。虽然人类发展迅速，已经展现出掌控地球的能力，但是人类历史依然很短，在全部生物演化的整个体系中，人类仍然属于未成年阶段。

根据不完整的画面重构整个影片

　　评估生物多样性需要实际证据支撑的计算，也需要推测与估计。在提出各种假设的过程中需要谨慎小心，应该意识到这种研究方法的局限，尽管如此，这种方法仍然是必不可少的研究方式。这些局限因素有些是人为原因，比如人为地选择一致的样本，出于实用目的选择样本。除了对于样本解读的不同，化石本身也存在各种局限，因为化石记录既不全面也不连贯。虽然如此，化石仍然是丰富的信息来源。

　　古生物学家、地质学家根据不完整的信息努力重构过去时代的环境与景致，如同电影观众手上只有一卷陈旧破损的胶片，有些图像模糊，有些图像被抹去，部分胶片损坏，部分胶片缺失。为了让大家了解化石记录历史中缺失的规模，请想象一下地球环境包括树、草、鸟、鱼等各种组成元素。这些生物死亡之后，有些生物被其他生物吃掉，有些分解消失，有些被移动到别处，有些生物的尸骸混合了其他的东西，有些被掩埋在地下。自然界仿佛是一张拥有细密网眼的大网，只有极少量的信息能穿过网眼保留下来。然后，在变成岩石的过程中，生物尸骸包含的生物成分要经历各种变化，很多化学成分、各种液体都会参与进来。所以尸骸中只有一部分被保存下来，另一部分彻底消失。另外，即使有生物能够保存下来成为化石，但是来到地面上被古生物学家发现仍然是一个漫长艰辛的过程。由于侵蚀作用，很多化石可能没法到达地表，即使来到地表，化石还可能被毁损或者四散分布，而且还需要有人能够认出来石头是化石。经过如此多的考验，能够来到科学家手上的化石数目很有限，所呈现古时环境的信息也非常贫乏。没有任何部分矿化的生物微乎其微。

在自然界的力量持续作用下，人们很少见到完完整整毫无损伤的化石。矛盾的是，很多化石（痕迹、贝壳、骨骼）是经过各种剧烈自然活动后才能走到人类面前的。假设没有各种大灾难，地球的历史可能永远是个未解之谜。比如在布加斯（Burgess）① 大量软体动物的化石得以保存，多亏了当时出现的灾难性泥石流，以前人们根本无法想象远古时代存在如此种类丰富的软体动物。距离现在更近的时代，维苏威火山（Vésuve）喷发的火山灰掩埋了当时的城市，所以今天人

---

① 布加斯动物群（La faune de Burgess）（加拿大）得以保留，是因为在一次海底泥石流中，细微的泥土迅速掩埋了大量生物。

们对庞贝古城（Pompéi）与赫克兰尼姆古城（Herculanum）才会有如此丰富的了解。尽管如此，其实人类对于远古生物信息的了解极少（可能只有千分之一，甚至只是千分之一的零头）。根据有限的资源，地质学家努力重构当时的环境和多样的生物。他们并不能完全了解当时的所有情况，只能在尊重已知信息的条件下，试图重构出一幅完整而且符合逻辑的画面。有些人觉得他们的工作成果很出色，值得信赖；有些人觉得他们完全凭借推测，仿佛诗歌与幻想。相关工作者解释说，其中的想象部分也是依据现有的确凿证据、科学观察为基础而进行的合理演绎。在远古时期的生物和现存的化石研究之间存在各种障碍，推测出来的各种参数则是为了越过这些障碍。之所以说这些推测是合理的，有两个原因：第一，古生物学是一门知识积累性强的学科。的确，相关专家并非无所不知，但是两个多世纪以来，发现越来越多的数据，于是古生物学家重构远古生物的工作变得越来越精确。每次新发现都让整部"影片"更加清晰，更加容易理解。第二，远古物种的数量庞大，同样的生物特点在不同生物个体上重复出现，所以只要在化石上发现了某种生物特点，同样特点出现在那些未发现生物身上的可能性很大。

在非洲（肯尼亚）安博塞利自然保护区（Amboseli），研究人员对从密林到灌木的六种环境下哺乳动物进行普查。他们发现了 2290 块 / 平方千米骨骼，也就是每公顷 23 块骨骼。

然后在接下来的几年里，他们持续跟踪这些骨骼，结果表明，这些骨骼占在自然环境下被掩埋的骨骼的5%，也就是平均每公顷1块。这时候距离骨骼变成化石还远得很呢！而且被掩埋的骨骼并不能反映被研究区域的生物多样性，因为所清点的骨骼代表的动物种类还不到全部动物种类的一半（43%），大块的骨骼得以保存的机会更高。同时还要考虑稀缺性的问题。另外，那些体型微小的生物，比如在经过测试的浮游生物中，估计不到1‰的生物能够保存在海底的沉积物里。在能够沉到海底的少部分浮游生物里，绝大多数在沉积物转化成岩石的过程中消失。幸好浮游生物以几十亿的数量级计算，所以保存下来的浮游生物数量依然可观。

放射虫是富含硅质的单细胞海洋浮游生物，它们在活着的时候骨骼外包裹着有机成分，死亡后骨骼露出，水中的硅含量远没有达到饱和状态，于是骨骼遭到水的侵蚀。并不是所有种类的放射虫都以同样的方式产生上述变化，水面上大量的浮游生物的构成复杂，活着的浮游生物与死后落在沉积沙土层表面的浮游生物大不相同。它们如同电影中的角色一样，有些更加容易被看到。仿佛人类的记忆会选择性记住某些演员的面孔一样，化石保存的难易程度由于生物种类不同和个体情况不同而出现差异。贝壳类动物由于拥有矿化的壳，所以更加容易保存。树叶只有有机成分，所以更加容易分解腐烂，只有迅速被埋起来才有可能保存下来。然而，经过进一步研究，可以发现贝壳容易保存下来是因为它们更强壮坚固，可以在死亡后承受移动造成的损坏，以及外面沙土对它的各种破坏性作用。这样的移动可能发生在化石形成之后，比如中生代的化石可能被外界作用移动到新生代的沉积层。树叶更加脆弱，难以承受这样的移动。所以保留下来的叶子虽然少，但是和贝壳化石相比更加"忠实"，只存留于自己生存过的年代的地质层。总结一下，某一种类越脆弱越难以保存下来，其化石保存的信息越详细；相反，那些坚固强壮的种类虽然有更大的机会存留下来形成化石，但是要在保存化石的环境下才能从中获得可靠的信息，必须知道怎样去解密，外界的保存环境可能给化石蒙上各种各样的迷惑伪装。

大自然作为导演在化石记录方面有时会玩点花招。某种生物可能在化石记录中出现中断，比如在古代和更近时代的地层中出现，在中间阶段的地层中却没有这种生物的化石。这种中断现象表明该种生物在中间地层的那个时代没有形成化石，或者人们还没有发现该生物在那段时间的化石，或者该生物在那个时代没有在那个地方生活。这种化石经过一段时间的消失然后再次出现的现象如同复活，它们消失的那段时间被称作幽灵谱系。化石记录的缺点导致出现了这类幽灵谱系，也就是说人们对那段时间该生物的情况无从知晓。有时化石的记录情况会给研究者制造陷阱：根据化石看，有些生物生存一段时间后消失，然后重新出现。有些生物的确是灭绝了，后来出现的化石在外形上与灭绝的生物非常相似。正如美国歌星"猫王"埃尔维斯·普莱斯利（Elvis Presley）去世后，出现了酷似他的很多模仿者。所以人称后来出现生物为"埃尔维斯群"。还有些生物随着时间的流逝，外形发生巨大变化，开始和后来的形态大相径庭，人们甚至以为它们是两种不同的生物。法国歌坛常青树强尼·哈利戴（Johnny Hallyday）自 20 世纪 60 年代出道，到了 2010 年依然活跃，可是几十年间他的外形发生巨大变化，所以出现形态巨变的生物被称作"强尼群"。

评估野生动物的变化、进化乃至危机，都需要可靠的信息，而这些信息与化石的质量息息相关，化石的质量由保存好坏、稀有程度等因素决定。信息的可信程度也由化石的内容决定，尤其是层层叠叠的沉积层记录的连续性。如果再次与电影相比较的话，作为图像载体的胶片可能不完整。在海洋中央的沉积层并不厚，沉积的过程缓慢、持续，如果出现变化，很难发现，因为堆挤在一起的各个沉积层过于紧密。所以理论上说最好研究沉积速度更快的岩石，比如大陆平台的岩石，在那里每层的沉积较厚，代表相应的时间段。但是凡事有利就有弊，在大陆边缘沉积率高的地方，这些地方海水不深，所以对于海洋的运动非常敏感。暴风雨能够让大块的沉积物裸露出来，在很长时间段里，海水的涨潮与退潮会对这些地方产生影响。当海水退潮，就不会再有沉积物留下，而且以前沉积层也会遭到侵蚀。所以留下的记录即使在某一时间段非常详细，却是不连续的。

快速沉积与记录缺失是一对矛盾，圣米歇尔山（Mont-Saint- Michel）的海湾为我们提供了一个绝佳的实例。曾有研究团队来到这处海湾，由一位诺曼底当地女士担任向导。团队成员有科研工作者、技术人员、自然学家、物理学家，所有人每天都在实验室工作。一位卡昂（Caen）的同事了解这处海湾的沉积现象，并把他的知识分享给大家。同行的还有一位数学教授，他和自己的博士生一起参加了这次实地考察，因为他们在研究怎样给这处海湾的沉积作用构建数学模型。这位数学教授似乎对诺曼底女向导的细致讲解没什么兴趣，他更喜欢在沙滩上用穿着靴子的脚去搅动海水。但是他仍然竖起耳朵用心聆听，当女向导说暴风雨可以卷走几米高的沉积物时，这位教授仿佛触电一样跳了起来。他请女向导再重复一遍说过的话，确认听到的话准确无误后陷入了思索。然后叫自己的学生按照女向导说的计算潮汐带来的淤塞高度，估算潮汐带来的淤塞。学生回答计算得出的数字是每次潮汐带来的沉积是 15 厘米。两个人都认为这个数字显然过高，因为按照这样的速度算下来，在一个世纪以后沉积下来的厚度相当于喜马拉雅山脉的高度，而事实上圣米歇尔山自从凯尔特人时代至今，高度就没有太大变化，当时凯尔特人祭奠神灵百勒努斯（Belenos）在东波莱纳岛（Tombelaine）举行仪式。沉积的总量一定很大，但是很多沉积物会被海潮带走，一次大潮或者一场剧烈的暴风雨能够带走的沉积物总量相当于潮水日复一日带走的沉积物总量。那位数学教授鼓励自己的博士生，让他分析沉积的过程，并记录泥土没有持续不断地沉积下来的过程，然后重新计算。但是在沉积过程中有些部分缺失（沉积断裂），尤其是沉积物被侵蚀的阶段（空白）。

　　如果把一整块沉积岩沉积所用的时间除以沉积岩的层数，然后把得到的结果当成每一层沉积岩沉积所花费的时间是没有实际意义的。尽管得到的数据是沉积的平均速度，从数学角度上看这点并没有错，但是这不符合实际情况。不是地质学专业的人并不知道这一点，于是某些小学派使用这类数据大做文章，否认一层层的沉积岩垂直堆积与一定的时间长度相契合。他们没有考虑沉积的时候各种重组、断裂等情况，所以得出的是荒谬的数据。每一层沉积岩都代表了一定的时间，当然各层沉积所花费的时间长度不一定相等。虽然沉积岩层层叠加，外表看起来各个层很相似，但是每层沉积所花的时间并非均质统一的。如果没有记录下重要的时间段，有时出现的变量很大，会使连续不断的现象看起来仿佛断断续续。

　　目前的生物多样性不过是现在这段时间的现象，我们这段"电影"最后一幅画面开始于 3.5 亿年前。生物多样性并非是始终如一的进程造就的结果。这段地球上生命历史的影片随着时间的流逝，生物种类的丰富程度时高时低。从整体上看，依据化石的记录（图6）5.5亿年以来（寒武纪）（Cambrien），生物的种类越来越丰富。在生物种类增加的总趋势下，出现了几次大规模的生物灭绝。

图6a表现了在化石记录年代里（大约7200科），海洋生物与陆地生物的种类丰富程度。曲线符合每一阶段的统计[1993年，根据本顿（Benton）的修改]。[1]唯一一次生物种类明显减少的危机发生在古生代与中生代交界之处。中生代与第三纪之间发生的生物灭绝情况则不太明显。

图6b表现的是陆生动物种类的情况[1995年由本顿（Benton）简化]。从曲线上看，在奥陶纪末期发生的危机并不明显，因为当时几乎只存在海洋生物。那一时期过去以后，出现了陆地生物（植物走出水生环境）。只有在二叠纪末期的危机中，能够看到生物多样性的减少。

图6c表现的是化石时代海洋动物种类的情况[依据是塞普科斯基（Sepkoski）的简化数据]。这条曲线表现出生物多样性在不同时代的剧烈变化：生物界出现的大规模危机和大规模灭绝。可以清楚地看到海洋生物的五次大危机：第

---

① M.J. 本顿（M.J. Benton，1995），《生命历史中的多样化与灭绝》（*Diversification and Extinction in the History of Life*），《科学》（*Science*），268，52-58页。

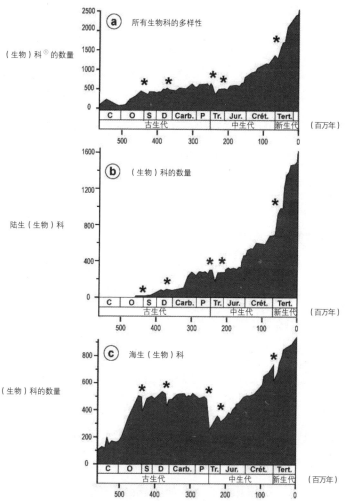

表示 6 亿年间生物多样性的表格，数字 100、200……是以百万年为单位的年份。C：寒武纪；O：奥陶纪；S：志留纪；D：泥盆纪；Carb.：石炭纪；P：二叠纪；Tr.：三叠纪；Jur.：侏罗纪；Crét.：白垩纪；Tert.：第三纪。星形符号代表五次大的危机。

图 6　随着时间变化的生物多样性

---

①　译者注："科"是生物分类的一种："界、门、纲、目、科、属、种。"

070 一次是在奥陶纪末期；第二次是在泥盆纪末期；第三次是在
二叠纪 - 三叠纪；第四次是三叠纪 - 侏罗纪；第五次是在白
垩纪 - 第三纪。最大的危机分隔了古生代与中生代，另一次
危机分隔了中生代与新生代。最后一次危机最为著名，因为
这次危机让大型爬行动物灭绝，根据另一种假说，是天外的
陨石造成这次堪称噩梦的危机。这条曲线展示了五次重大危
机，甚至是唯一一个如此清晰地指出这些危机的图表。所以
在讲述关于恐龙与其他陆地生物主题的时候被频繁引用。

当谈起地质年代的生物多样性的时候，我们习惯于使用
海洋生物科的图示（图 6c）。这张图中的曲线有两大优点：所
有人都知道，清楚地标出危机的时代。但是它也有两大缺点：
这张图仅仅记录了海洋生物；仅仅使用了"科"这样一种生
物分类方法。更重要的是这张图表制作于三十几年前，而后
来又出现了很多新发现。比如，在图中侏罗纪只有 400~500
科生物，后来人们又发现了放射虫，仅仅这种动物就包括
一百多科。

很长时间以来，人们认为海洋无脊椎动物在白垩纪与第
三纪分化出大量的物种。现在研究者对此提出了疑问，这种
情况是不是仅仅因为那段时间以后有大量保存完好的化石造
成的假象？通过 2008 年的数据并根据新的分析与计算，加
上标准取样，新制作出来的曲线显示，在白垩纪时代生物种
类只有少量增加。生物种类大量增加的时间发生在之前的侏

罗纪之初到白垩纪中期。其他的曲线显示结果并不完全一样，如同不同版本的电影讲述了同一个故事。由此证明，当在某个时间段出现生物多样性变化的时候，明确环境与相关的生物分级至关重要。关于生物多样性的问题，如果在同一张图表中混合不同分级（科、属、种）毫无意义。如果像一些教科书一样把各种"海洋无脊椎动物""陆生植物"等各种不同等级的生物种类①塞进这条曲线，那么这张图表更加失去了它的意义。

脊椎动物化石、植物化石、无脊椎动物化石等化石大类的古生物学专业研究人员不具备代表性。据谨慎估计，在比例上，植物种类与脊椎动物种类的比例是 10 ∶ 1；无脊椎动物与脊椎动物种类数量的比例是 100 ∶ 1。但是每种化石的专业研究人员的数量大致相同。在当前的情况下，科学界对于脊椎动物的关注力度十倍于植物，数百倍于无脊椎动物。所以可以推论，对脊椎动物化石研究后，已知的脊椎动物种类比例要高于植物或者无脊椎动物等其他种类，所以可能造成对当时生物多样性实际情况的误解。

---

① 我们发现的混合在一起的种类有：昆虫、硬骨鱼、哺乳动物、蝙蝠、鲸，而且居然还有智人（把"智人"这个名字原封不动地提及），以及一种硬造出来的种类"Pterosaurus"（翼龙目包括五种翼龙，但是没有 Pterosaurus 这种翼龙）。

　　另一个看待生物多样性的角度是每个时代、每种环境的地层露出地表的面积。有些地方被严重侵蚀，被俯冲带吸收，还有些地方由于地面被覆盖，地表植物过于繁茂无法为人所见，不能露出地表。造成上述情况的原因有内部的（地质构造、变质作用）也有外部的（天气变化、季节变化），这些原因都会影响人们对于过去生物多样性的看法。根据一项通过化石对生物多样性研究的分析，科研专家的数量、不同年代露出地表的地质层面积与生物多样性的变化都存在一定的关系。露出地面的远古地质层越大，相关的科研人员越多，那么著名的古生物种类就越多。一种简单的逻辑是：露在地表的地质层表面积大，于是那一时代的生物化石被发现得就多，那么就需要越多的专家研究。生物化石体现出来的生物多样性是不是仅仅代表裸露在地表的面积大小呢？这样的推断让人们自问：哪种因素才是最关键、能够影响全局的因素呢？如果是由于某个时代的地质层化石丰富，覆盖面积广大，生物更加多样，因此吸引了更多的科研工作者，那么这种理论是让人放心的。如果仅仅是因为某个时代的地质层更容易暴露在地表，引来了更多的人进行研究，于是错误地认为这个年代的生物更加多样，这种理论就让人担忧。目前能做的仅仅是研究过程中记住这些理论，注意分析。实际情况则如同乱麻，几乎不可能百分之百地搞清楚。

　　尽管对这些曲线的解读存在各种争议，但是不能就此否定图表中曲线的意义。虽然存在争议与不确定因素，但是不能全盘否定。因为科学的目的并不是给出真理，只是在一个知识总量达到一定水平时提供严密协调的系统总结。即使提取样本不完全，但是仍然有相对广泛的代表性，在一定程度上反映当时的全面情况。

3

相互影响

无限微小生物在自然中扮演无限重大的角色。

——路易斯·巴斯德（Louis Pasteur）

与其他圈子相互作用的生物圈

　　生命是一个不平衡的元素，从生命诞生之初至今，在复杂性与多样性方面已经产生了巨大改变。不仅生物的种类发生改变，生物圈总体也发生了变化。古时的生物与它们所处的环境相互作用，共同造就了地球的历史。地球的所有层面彼此之间始终进行着各种交流，大气、海洋、陆地这些地球上孕育生命的地方以及地球本身的运动持续进行。组成这个动态系统的原子与分子不会静止不动，而是在地球表层、空气、海水、河流、湖泊、冰川、土地、生物圈中循环。这些原子与分子有时会被储存在某处，流动的比例、转移的比例、储存的比例与生物圈共同处于和谐的状态。在这些过程中，生命扮演了至关重要的角色，于是生物左右着各种分子的未来。生物化学循环的概念强调了生物系统在地球表面物理化学条件中的重要角色。最著名的生物化学循环是氢、氧、碳的循环，而且很多其他元素也与生命互相作用。大量的原料被生物活动消耗、转化、转运、回收。

地球上的生命是一种在全球层面产生影响的现象，生物在地球上参与了环境的调节。这些影响完美地体现了岩石圈与生物圈之间的互动，生物与环境在共同演化的系统中互动共存。正是在这样的整体思想下，今天普遍认为人类的活动影响并改变了地球系统。

细菌层等最初生物的遗迹显示，几十亿年前的生物已经与环境相互作用了。生命利用环境中可用的资源，同时改变环境的物理、化学组成。这些位于沉积岩表面的细菌层拥有很厚的大量黏稠聚合物，包裹沉积岩表面，于几十亿年前在沉积岩表面稳定地安顿下来。在海洋和海滩的环境下，这种状态一直持续至今，而且越来越强！细菌数量增长迅速，甚至会固定在两次海潮之间在沙滩上留下褶皱痕迹（图7）。如果是生物创造了大陆呢？有可能是微生物带来了大陆形成所必需的化学能——这是丹麦地质学家米尼克·罗辛（Minik Rosing）[1]的理论。这一理论既可以解释在太阳系其他地方没有的花岗岩为什么存在于地球上，又可以解释地壳的形成。

---

[1] M. 罗辛（M. Rosing）、D. 博德（D. Bird）、N. 斯利普（N. Sleep）、W. 格拉斯雷（W. Glassley）、F. 阿尔巴莱德（F. Albarède），《大洲崛起：关于光合作用的地质学结果的论文》（*The Rise of Continents. An Essay on the Geologic Consequences of Photosynthesis*），《古地理学、古气候学、古生态学》（*Palaeogeography, Palaeoclimatology, Palaeoecology*），n° 232，99-113 页。

最初的海洋形成于 44 亿年前，稳定的大陆形成于 38 亿年前，最初的光合作用也同时出现。根据罗辛及其团队的理论，最初可以进行光合作的生物可能为岩石圈带来了必要的能量，导致化学改变。把太阳能转变为化学能，古老的细菌可能通过这种方式对地球的生物—地质—化学循环产生了影响，并且改变了地质活动。所以生物促进了我们今日所熟知的地球上大陆的形成。当然，这些在目前只是一种假说，但是证明了生命对于地球整体运行的巨大潜在影响力。

以下两个例子展示出生物对于地球的作用（图 7 与图 8）：在（布列塔尼地区的）卡马雷（Camaret），在海滩散步时可以发现沙滩上一些波浪状的结构，这些结构是海潮退去的运动造成。悬崖上出现同样类型的结构证明 4.6 亿年前那里曾经是海滩，后来由于时间的流逝，那片地方逐渐石化，在两

图 7　被微生物固化的瞬间：海滩上的褶皱

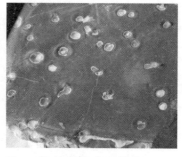

图 8　被微生物固化的瞬间：坚硬淤泥上的雨珠

条连续的山脉隆起之时，那个地方出现了褶皱。现在还能够看到这片曾经的海滩，真的不可思议，而且这片石化的古代海滩就紧邻着现在真正海滩。

另一个被生物固定的瞬间是几滴雨滴（图 8）。在一场雨刚刚开始的时候几滴雨滴被定格在那一瞬间，仅仅是寥寥几滴雨滴，否则的话很可能淹没在接下来的大雨之中。接下来什么都没有发生，只有时间流逝，那段时间足以形成一层细菌膜包裹住这几滴雨滴，这层膜形成保护层变成了"模具"，塑造出当时雨滴的形状并保留下来，这一切都发生在 1.5 亿年前 [位于法国安省（Ain），侏罗纪石灰岩]。

地球的地形决定了海底与大陆的形态，很多生物在这个环境中生活。岩石属于生物重要的食物来源之一，地球坚硬的表层提供了土地和水的主要化学成分。尽管出现过各种地质构造的变迁和岩浆活动，地球表面仍然在各个地质时代坚固而稳定。大约在 40 亿年前，地球表面的构造趋于稳定，而后其改变主要受地质板块的变化影响。地质板块的位置有过很大改变，但是组成成分和化学成分始终如一。

从地质年代的维度上来说，地质板块变更时期（各个大陆分离或者聚合）与地球历史息息相关。这些重大变更影响了生物的多样化，影响生物的分布，而且作用于气候变化。

大陆板块的漂移、聚合在大气中二氧化碳水平的升降问题上扮演了重要的角色。一方面，当海底迅速膨胀的时候，中洋脊部分的火山活动会非常活跃，于是产生大量二氧化碳气体。另一方面，不同板块之间的碰撞催生了山脉，比如喜马拉雅山脉和阿尔卑斯山脉，导致硅酸盐化的岩石迅速变质，消耗大量二氧化碳气体。由于地球地质构造的变化，以及火山活动强度改变，令二氧化碳总量增加或者减少，从而对生物造成影响。大气中二氧化碳的多少直接造成温度升降，不同纬度地区的温度梯度变化，改变了大气和海洋的循环，于是在很大程度上改变了生物多样性：空气中二氧化碳含量大，刺激光合作用（植物的基本产出），然后使得大气对于岩石更具备侵蚀性，促使矿物营养元素析出，反过来促使植物生长，于是进一步刺激这个循环。尽管如此，这个循环不会无限度地进行下去，因为光合作用导致二氧化碳的吸收，同时产生氧气。

从整体上看，生物对于整个地球的活动能够产生重大影响。随着时间的流逝，可以观察到大气的变化、水圈的变化、岩石圈的变化与生物圈的演变息息相关。因为存在生物是地球最显著的特征，所以可以把生物放在互相作用的各个系统的核心位置，更何况这也非常符合人类的自我中心论！

生物创造岩石

　　珍珠和肾结石一样，见证了生物组织能够分泌矿物的特性。在各种动植物组织里，在植物的叶片、茎中产生矿物微粒，在动物的解剖组织中产生矿物成分，比如：骨头、牙齿、贝壳。生物组织有能力生产各种各样的矿物质：碳酸盐、磷酸盐、氧化物、硫酸盐、磷酸盐，以及银与金。

　　人类很久以来就把矿物界与生物界联系起来，尽管当时看起来似乎很有道理，其实所给出的原因完全错误。1717年，约瑟夫·图内福尔（Joseph Tournefort）在一部东方游记里把矿物外形与植物外形联系起来："这些大自然的造物有根、枝、菜花一样的顶部，大自然仿佛向我们展示怎样把岩石雕琢成植物。"由于心中把地球当成母亲，所以把生物与矿物联系起来进行诠释。人们在地下的矿物隧道中发现了这些东西，而且人们几乎差点就把这些隧道比作大地母亲的子宫。

　　德国百科全书编纂者阿塔纳斯·珂雪（Athanase Kircher）自从1678年开始就对这种跨界联系的做法持否定态度："有

些植物和动物外形上相似，由此有人胡乱想象矿物和金属来自同一粒种子。我们在矿里常常看到的'金属植物'不过是风化后的产物，根本不属于植物。"经过很长时间和大量的观察之后，人们才逐渐接受了这种言论。

生物与矿物共同演化，矿物的种类随着生物的种类增加而增加，矿物的存在贯穿地球历史的整个过程。在出现生物之前，目前人类在岩石中测得的已知矿物有 1500 种，而今天矿物的种类超过了 4000 种，其中三分之二直接或者间接来自生物：国际矿物协会统计，4400 种矿物中有 2900 种来自生物。从生物身上诞生的岩石仅仅是沉积岩的一部分，沉积岩占地壳的一小部分，仿佛地球表面的一层薄膜。然而，正是这些岩石提供了世界大部分能量，尤其是那些和其他星球上完全不同的岩石。下面举几个例子。

由于微生物活动产生的岩石是这些生物组织固化的产物。一层又一层的光合作用微生物膜包裹在矿物之外，于是这种岩石随着时光的流逝逐渐变大。在它们的生命周期中，活着的细胞周围石灰岩沉淀，这些细胞被包裹在自己的分泌物中。这些微生物细丝彼此交织在一起，形成的网眼网住很多矿物颗粒，这些矿物也成为了整个岩石的一部分。这些微生物膜最终变成了矿物岩石，成了新的一层岩石的基础。同样的机制一次又一次地重复，岩石一层又一层地向外扩张，岩石变得越来越大。微生物凭借这样的方法建构了岩石。出现了能

084 够产生氧气的光合作用和蓝菌门微生物（以前被称为"蓝藻"）后，生物对于沉积岩的形成产生了重大影响，尤其对碳酸盐的影响。另外，由于蓝菌门微生物在海水中的作用，产生氧气，这些氧气溶解在海水中，最终出现了大量的条状铁带（这仍然是今天铁矿的重要来源）。

微生物（尤其是细菌）正如我们在前文中看到的一样，可以在各种各样的环境下生活。在南极的极寒气候下有微生物生活，在大洋最深处有微生物生活，在沸腾的温泉中同样有微生物生活。当下已知的最古老的微生物可以追溯到38亿年前，它们那时已经对地球产生了影响。

对于最简单的生物组织（细菌、单细胞藻类、原生动物）来说，矿物来自周围液体的沉淀。沉淀量较少，而且不是由生物控制。由于细胞外部的溶液达到饱和后析出，于是产生晶体，通过这样"消极"的方法包裹细胞，温泉里非晶体二氧化硅的细菌沉淀就是如此产生的。这一过程可以催生氧化铁、磷酸盐、碳酸盐、黏土。

另外，沉淀也可能源于代谢活动。细菌活动常常改变溶液的成分，从而导致溶液过度饱和，使得这些成分析出而有沉淀。蓝菌门微生物通过光合作用，导致水的酸性减低，有利于碳酸盐沉淀。以类似的方式，在降低磷酸的细菌作用下可以导致黄铁矿（被称作"愚人金"）一类的矿物析出、沉淀，有利于磷酸盐的产生。还有些酶直接促使矿物析出、沉淀。

各种氧化铁、锰、趋磁细菌促进产生磁铁矿微粒。在当地的金矿和银矿的出现过程中，有人也提到过细菌成矿作用在其中扮演的角色。由于细菌成矿作用催生的矿藏中的矿物颗粒往往很细小，有时甚至可以通过这些颗粒，观察到导致矿物析出沉淀细菌的细胞结构。细菌在矿物学方面的应用效果显著，所以人们把细菌使用在河流的污水中、污染水中、有重金属成分的水中，以达到净化水质的目的。如石油企业在储油罐中利用细菌预防控制水的侵入。这些细菌在矿物学方面的作用并非都对人类有利，比如肾结石、细菌导致管道被腐蚀（其他还包括输油管、储油罐、钢筋混凝土、冷凝塔等）。

和简单的沉淀不同，很多生物需要矿物，并且用可以控制的方法分泌矿物，比如一些微生物、蜗牛、海胆、乌龟、人。这些矿物以贝壳、鳞甲、骨骼的形态呈现，它们的功能也各不相同：预防干燥、抵御天敌、支撑身体重量、（牙齿）研磨撕碎食物、储存矿物盐、感应重力场或者磁场，等等。有时，一种矿物结构可以拥有几种用途。哺乳动物的骨骼有支撑、为肌肉提供附着点的作用，而且是非常有用的钙与磷的储存库，尤其在妊娠阶段更是如此。在细胞系统中，矿物对于保证化学平衡意义重大，而且可以保证调节一些离子浓度（铁、钙、磷等）。受控制的生物矿物化作用通常最终产生嵌有晶体的有机混合物。以螯虾为例的一些高等甲壳类动物的甲壳形成方式如下：方解石进入，填充成列的大型有机细胞内部的空隙，每次蜕壳后这一过程都会重复出现。脊椎动物的骨头由水合磷酸钙晶体填充胶原（蛋白质纤维）构成的骨架矩阵构成。

软体动物是展示生物产生磷酸盐贝壳最经典的例子，其生物矿化作用极其复杂，涉及若干种元素，尤其值得一提的是蛋白质，蛋白质引导晶体增长。老普林尼（Pline l'Ancien）[1]对珍珠如何产生的解释距离事实相差甚远，他认为牡蛎在类似"打哈欠"一类的动作时捕捉到晨露，这些露珠浮到表面形成珍珠，珍珠质地的不同是由于露珠的质量不同。这种解释方法在很长一段时期里被广为接受，后来被另一种错误说法代替：由贝类分泌的体液，在干燥、硬化后生成珍珠。今天，人们知道珍珠是贝壳为了保护自身，用珍珠质包裹外来异物所产生。人类利用这种特质，故意把"杂质"种在贝类内部的空腔，以人工方式获得珍珠。

生物组织新陈代谢过程形成的矿物与简单的物理—化学反应产生的矿物不同，比如，通过蒸发沉淀的过程，生物可以让产生的矿物具备一定的物理—化学活性，大多数软体动物拥有甲壳，组成甲壳的并不是在周围的温度、压力条件下稳定的方解石，而是抗高压的另一种化合物——文石

---

[1] 老普林尼（23-79），古罗马时期作家、博物学家、军人、政治家。

（aragonite）。海胆、海星骨骼里的方解石成分富含镁元素，在周围环境下很不稳定。所以在这些生物死后，这些矿物成分会在周围微小能量的促进下发生反应，逐渐趋向稳定：无定型蛋白石会变成晶体蛋白石，然后变成石英；文石会转化成方解石。

尽管很多人知道肉眼可见的生物（珊瑚骨、软体动物、石灰藻）能够产生岩石，但还是在微生物（细菌、微型藻类、原生动物）的作用下产生了最厚、种类最多的沉积岩。

海洋中的沉积岩是微生物为岩石产生贡献良多的最明显的例子，海洋表层微小的浮游生物死亡后向海底坠落，这种现象被称作"有机雪"，因为这些浮游生物的尸体聚集在一起向海洋深处掉落，在潜水艇发出的灯光照射下仿佛片片雪花飘落。覆盖着这些死亡浮游生物的石灰泥和硅质泥占据海洋深处的绝大部分面积。1毫克硅质泥中有数千具放射虫的躯壳（甲壳）、数十万硅藻的躯壳（硅藻壳）。岁月流逝，这些积累下来的浮游生物的躯壳堆积如山，很多海底的深谷中堆满了这些东西。那么，整个运行机制是怎样的呢？

微小的浮游生物机体拥有含有硅、碳酸盐、磷酸盐的甲壳，当浮游生物活着的时候不会分解，因为甲壳周围包裹着一层起到保护作用的有机物质。浮游生物死掉以后，这层保护层消失，尸体开始分解，所以很多成分在没有到达海洋底部的时候就已经被分解掉了。尽管如此，剩下的成分也足以构成大块的岩石，有时这些岩石可以达到数百米高。

怎样解释这种现象？原理很简单，浮游生物是海洋中食物链的末端，其他动物吃掉这些微小生物，是为了摄取它们身上含有的有机成分（糖类、蛋白质、脂类），浮游生物甲壳的无机成分则通过猎食者的粪便排出，这些密度很大的无机物团块很快到达海洋底部。而我们很难想象如此微小的粪团最终积累在一起会变成巨大的岩石。

微型化石是众多其他岩石的最重要的组成部分。硅质岩石有的由放射虫甲壳组成（放射虫岩），有的由硅藻壳组成（硅藻土），有的由海绵骨针组成（海绵岩），等等。大型生物通过自己的方式为岩石的构成贡献自己的力量。在靠近海岸的地方，存在大量由生物演化而来的沉积岩。比如，围绕着热带珊瑚礁周围的沙子组成成分包括有孔虫的甲壳、软体动物贝壳的碎片、珊瑚骨碎片、海藻残片。通常来说，石灰岩是由各种大型生物、微型生物、纳米级生物沉积组成的，石灰岩是生物产品。其他还有很多岩石是由微生物、小型生物、大型生物、特大型生物组织混合在一起后组成的，有些来自植物（泥炭、褐煤、煤炭），有时候其中组成成分来自生物，这点非常明显，比如可以看到植物根部、树干、树枝、树叶。

这些植物有的属于陆生（含泥炭的潮湿地区或者湖泊附

近的潮湿地区，比如法国中央高原的煤炭），有些来自大陆和海洋交界处（法国北部矿床的煤炭），有些完全来自海洋，比如海洋中大多数油母页岩都来自简单的生物（海藻、细菌、原生动物）。

水圈：水的故事

自从四十几亿年前地球形成之初，火山活动刚刚出现之后，火山活动对生命的起源与发展就起到了至关重要的作用。火山喷出含碳的气体，今天认为这些气体有害，而从地质时代看来，当时这些气体对生命起到了关键作用。第一，如果没有二氧化碳就不会产生温室效应，地球将永远是一颗冰冻星球；第二，二氧化碳的存在才使光合作用得以进行，这样大气中的碳元素才能转化成生物体中的碳，而且通过光合作用才能得到氧气。另外，火山喷发的气体有助于氮的产生，促进了水蒸气与液态水的出现，这样才形成了海洋。火山的开口使得地球能够释放气体，同时释放了大量的水。比如，维苏威火山（Vésuve）在1929年喷发，在四天时间里释放出几百万吨水蒸气。那么，这些来自地球内部的水占地球表面水总量的百分之多少？几年前，我们向一位研究陨石的同事提出过类似的问题，陨石给地球带来的水与地球本身的水比例是多少？他给出的答案是：地球上最珍贵的资源——水，大多数来自陨石（75%）。我们向火山研究专家提出了同样的问题，火山研究专家的答案是：75%的水来自火山！从不同角度说，地球上全部的水都来自陨石（因为陨石是组成地球的原材料），也可以说地球上全部的水都来自火山（火山让地球内部与外部相互联系）。地球上之所以能够出现生命，多亏了陨石给我们带来了水，而这些水又是通过火山从地球深处喷出地面。

太阳系中的地球提供理想的环境，水在这里能够以固态、液态、气态形式存在参与到各种各样的进程当中。当水以冰的形式存在时，水可以非常有效地改变地形地貌，尤其是通过大大小小的冰块，在涌动的时候能够改变地貌。这些冰如同推土机、研磨器，让山峰尖端变圆，磨平地表凸起。在格陵兰岛或者南极的冰盖上，这样的研磨活动以更加宏大的方式进行，巨大的冰川缓缓移动，最终流进海洋。这些冰川宽达数十千米［南极洲斯维茨（Thwaites）冰川宽度接近100千米］，移动过程中深深地在下部地层"挖出"深沟。相反的，如果水以蒸汽的形式存在，那么其移动性增强。水在此形态下离开所在地（湖泊、海洋），进入大气，为大气带来湿度，有利于温室效应产生，促进生命的出现、成长。在沙漠地区，很多植物通过捕捉空气中的气态水得以存活生长，绿色植物从最靠近山谷的地方开始生长，逐渐向沙漠深处蔓延。气态水凝结成云，通过阻碍阳光照射让地面的温度降低。云层凝结之后变成雨水，落在地上。地上的水促进植物生长，促进动物繁衍。植物在水循环的过程中作用积极，储存水分，并且通过呼吸作用帮助水分汽化。

地球上的水储备有15亿立方千米，其中97%是海水（图9）。四分之三的淡水以冰雪的方式存在，其余近十分之一的淡水以地下水的形式存在（存在于地下的石质腔隙当中），不到1%的淡水存留在河流、大气、生物体内。由于日照，每年有大约50万立方千米的水汽化，然后以雨水的方式落到地面。如果把这些水分平均分布在地球表面，雨水深度可以达到一米。降落的雨水很大部分从海洋中来，然后落回、流回

相互影响

生物圈	0.001
河流与湖泊	0.13
蒸发－降水	0.50
地下水	10
陆地冰川	30
陆地水	36
沉积覆盖	330
海洋	1400
岩石圈＋外地幔	400
地幔	1500~4000

图9　地球各处水储备量

（单位：百万立方千米，1立方千米＝1万亿升）

海洋，降雨保证了海洋与陆地生态系统的联系。

水的储备是一回事，能够为生物所用的水流和可用水是另一回事。大气中的水分平均每十天更新一次，以一年为单位的话，水的循环是地球上最重要的化学物质流动。另外，水循环还能够在地球上不同的地方传递能量，于是成了热量调节的重要因素。水循环对于气候与生命的影响占绝对主导地位。

水与碳的化合物是生命进程最重要的分子。大多数生物体内的 60%~80% 是水分，有些植物的水分甚至多达 90%，水母等海洋生物体内水分的比例高达 97%。人体的三分之二都是水（新生儿身体水分占比超过 70%）。人类引以为傲的大脑，它的水分占比 75%。在人的生命过程中，为了生理需要摄取的水分达到 75 立方米，也就是平均每年一吨。

水绝非一种平常的化合物。的确，水分子通过分子式看起来很简单（H_2O），但是它拥有各种不寻常的特性。首先，如果水分子和组成水分子的原子拥有在元素周期表中相同的特性，那么水就会在零下 100 摄氏度结冰，在 70 摄氏度开始蒸发。人所共知的水分子特性源自氢键，这个分子间的氢键让水变得不那么容易挥发，而且让水分子的沸点提升了 170 摄氏度。可以想象这对生物来说有多么大的影响。除了结冰和沸腾的温度，水分子还有其他的特性。当水冷却的时候，与任何液体一样，水密度变大、体积变小。然而水温降到 4 摄氏度以下的时候，水的体积再次变大；而所有人都知道水在结冰的时候会继续这一进程，所以饮料中的冰块会漂浮在饮料表层。这种现象的结果对于生命来说意义重大，下面举两个实例。

第一个例子：冬天气温下降，湖面的湖水开始变冷。因为变冷后的水密度变大，所以变冷的水沉下湖底，保证了整个湖水温度均匀，同时由于水的带动，让氧气气流进入湖底深处。在水温没有降低到 4 摄氏度以下的时候，出现上述改变。当水温降到 4 摄氏度以下的时候，水的体积变大，表面扩张，密度降低，于是留在水面上。如果温度继续降低，水面结冰，冰会保持留在水面上。所以即使冬天持续时间长，而且极度寒冷的时候，湖的底部仍然会保持在 4 摄氏度左右（海洋中也是如此）。

第二个例子：当水结冰的时候，冰的体积变大。如果大块的石头缝隙中有水结冰，那么体积变大的冰会促进岩石迸裂（这种情况被称为"冻裂崩解"），于是促进侵蚀作用。所以有利于土壤形成，有助于植物生长。

大气、生命、气候

气候影响到生命这个说法毋庸置疑，所以大干旱绝不会有利于生物大量繁衍。反过来说，似乎生命对于气候的影响并不明显，其实自从地球上出现生物以来，生物反作用于气候以及海洋环境已经超过 30 亿年。在古生代的时候，地球上占统治地位的生命是细菌，蓝菌门细菌清除含碳气体，储存温室气体，于是导致地球温度下降。厌氧菌会产生甲烷（这是一种很强的温室气体），所以它们会让气温升高。光合作用是大气演变的重要因素，逐渐吸收含碳气体（二氧化碳），这些作为大气重要组成成分的碳被以石灰岩的形式储存在海洋的沉积岩中。浮游生物的骨骼由碳酸钙构成。为了形成骨骼，浮游生物捕捉含碳气体，于是这些温室气体被从大气中抽出，经过一系列反应后，通过生物矿化作用进入浮游生物小小的骨骼之中。

通过新陈代谢，生物对大气中的氧气增加贡献良多。今天，地球上大气的 21% 是氧气，而太阳系其他星球上的大气中氧气的比例微不足道。地球大气层中的氧气很特殊，从以下方面可以体现出来：地壳中含氧很少，相比之下大气中的氧气极其丰富，按照常理推断，氧气应该与岩石产生反应后从大气中消失。氧气能够始终存在，原因在于地球表面上存在生命的作用，同时存在臭氧（包括氧气）、水蒸气、二氧化碳的事实可以清楚地证明地球上存在大量进行光合作用的生命。生物圈反过来通过改变大气成分的方式以改变气候。

在生命影响气候的过程中，水扮演了关键角色。除了植物在蒸腾作用中扮演的角色外，水蒸气形成云朵也对气候存在巨大作用。地球上"阴暗"的区域，比如夏天的山区、森林、海洋，会吸收太阳能。"明亮"的区域，比如沙漠、极地的冰盖，会反射阳光。这种反射程度被称作"反射率"，反射率受到云的影响。如果存在大量的云，很多太阳光被反射回太空去，于是地球表面冷却。反之，如果云很少，那么地球表面就会升温。决定云量多少的因素很多，大气与海洋之间的相互作用是其中的基本因素之一。只要想想在夏初海滨的雾气如何升起，就会了解其中原理了。还存在其他的因素，比如下雨、气象锋面都有利于云层出现，遮蔽阳光。由于海洋覆盖了大约地球表面的四分之三，所以海洋上空的云层形成也对地球气温有重要影响。

当大气中的水蒸气凝结或者冻结的时候才会形成云，而如果要形成云的话，必须要有凝结核存在才能让水聚集，凝结成水滴，二甲基硫化物（Dimethyle sulphide，DMS）在凝结过程中扮演了这一重要角色。作为浮游生物的藻类，能够产生硫化气体，在大气中，这些硫化气体释放的含硫气雾剂足以让水蒸气凝结成云。这些微小的海生藻类掌握着地球恒温调节的关键！① 当阳光普照的时候，浮游植物群落迅速增长，释放大量的二甲基硫化物，促进云的形成。云层变多，地球表面收到的阳光照射变少，浮游植物群落繁殖速度减缓，导致二甲基硫化物释放减少。于是云层变少，反过来再次使得气温升高。这种循环模式可以自动调节，达到平衡状态。尽管还有些细节需要进一步研究，但是可以肯定的是，浮游植物群落至少在一定程度上控制海洋上空云的形成，间接影响地球的气温。这种现象经过数十年的观察研究，尽管我们不能预测未来的发展，但是仍然值得人类思考地球与生物之间的相互作用，以及未来的发展趋势。

肉眼可见的微生物能够影响气候，在更细微的级别上，病毒也在影响气候。病毒对细菌产生作用，间接影响云的形成。很多遭到海洋中病毒感染的细菌会释放二氧化碳。病毒每天可以杀死 10%~50% 的细菌生物量（细菌繁殖的速度与被消灭的速度相当），通过这样的途径，病毒减少了被释放到大气中的二氧化碳。同时海洋中的病毒还会毁灭纳米级别的海

---

① 需要再次提出的是，经过观察发现，微小生物的世界对大型石灰岩悬崖的形成有重大影响。从人类的角度看来，这种现象非常惊人。

藻——赫氏球石藻（Emiliania huxleyi），这种海藻供应海泥中的石灰岩成分，而石灰岩可以固定二氧化碳。当这种海藻死掉的时候，会向大气中释放有利于雨滴形成的化合物，这种化合物有利于云的形成。

在大陆上，植被通过根系吸收土壤中的水分进行调节作用。空气中的水分与土壤中的水分循环，在热带地区和赤道地区非常有效率。这些水分一部分被用于光合作用，另一部分通过叶片表面蒸发。蒸发后的表现是降温，用来对抗阳光照射导致的升温。很容易估算出森林吸收的太阳能。每克水分蒸发的潜热是 540 卡路里，一片枝叶茂盛的森林每天每公顷蒸发 100 吨水（这一热量数值在 5~500 之间，对于针叶林来说这一数值是 5），那么大气吸收的功率是每公顷 3 兆瓦（相当于两个地面风力发电机的功率）。在滑翔翼学校里教师会传授植物导致空气循环的知识，在傍晚的时候，尤其在夏天，森林要比周围的区域更加凉爽，所以那里有下降的气流，不利于滑翔（这一原理适用于所有大面积的绿色植物区域）。相反的，结满成熟麦穗的麦田、柏油马路、有很多建筑物的区域温度更高，这些区域会产生上升的气流，从事滑翔翼运动的人应该寻找这样的区域。

植物的蒸腾作用使得植物如同热带地区活跃的制冷工厂，调节当地的温度：亚马孙地区的森林砍伐，导致当地气温变化，据研究测算，树木被大量砍伐后，当地气温平均升高了若干度，而且当地降雨量减少。森林被砍伐后产生了极其复杂的变化，让人类与土地之间的关系失去平衡，能够直接照射到地面的阳光变多。另外，如果砍伐森林建造农田，至少在当地会影响到诸多方面，比如水的存量、空气对流、降水、土地的侵蚀。根据一些模型的计算，如果人为地把亚马孙森林改造成农田，将导致欧洲雷暴雨天气增加。如果彻底摧毁森林，那么失衡的现象仅仅会暂时存在，最终稳定后，气候将变得如同干燥的稀树草原乃至沙漠一般。

植物对于气候的影响很重要，所以人类利用植物对一些沙漠地区进行改造，比如在佛得角（Cap-Vert）的岛屿，人们在山脉的顶部种植小树苗，这些山都是火山，顶部更加湿润。这些植物形成一扇屏障，有助于空气中的水凝结，为这些树苗提供水分。当小树苗长大后，它们的叶片会起到同样的作用，早晨那里仿佛下雨一样湿润。进而，在海拔相对低的一些地方的植物，生存的条件由此得到改善。通过这种方法一步一步进行下来，可以把部分山谷变成绿色的果园。在20世纪中期开始在科幻小说中提到的改造方法被称作"地球化进程"，今天被称为"生物改造进程"或者"生态再生"，其过程是把贫瘠恶劣的环境改造成适宜生存的环境。人类计划依据同样的原理，未来在征服其他行星的过程中采取这种方法。现在人们在美国亚利桑那州沙漠安装了名为"生物圈Ⅱ"（BiosphèreⅡ）的巨型穹顶，进行人工制造生态系统的试验。

甲烷的故事

　　地球拥有能够捕捉热量的系统，这个系统就是温室效应。大部分日光通过大气层照到地球表面，然后被反射回去。大气层中一些气体能够吸收照射下来的日光，并且把大部分日光反射回地面，如同温室一样保持相当的热量。所以地面温度平均达到14摄氏度，如果没有温室效应，地球表面温度应该在零下18摄氏度左右，温室效应造成了32摄氏度的温差。造成温室效应最主要的气体是水蒸气，相当于温室效应气体的四分之三。而甲烷（CH_4）也在其中扮演了非常重要的角色。

　　甲烷常常被称为沼气，和水蒸气、二氧化碳、氟利昂一起被认为是造成温室效应并导致全球气候变暖的元凶之一。从长期看来，甲烷占人类释放温室效应气体的20%左右。在冰盖上钻井取样的分析结果显示，一个世纪的时间里，大气中甲烷含量翻了3倍，20世纪气温升高责任中的20%（1摄氏度）要归于甲烷。今天大气中的甲烷含量创下了42万年以来的最高纪录。

甲烷吸收红外线的能力很强，所以它是二氧化碳保温能力的 20 倍，而且还间接导致臭氧层的破坏，而臭氧层能够抵挡紫外线的侵袭，是生物生存的必备保护伞。甲烷是有机物分解时，在无氧环境下（厌氧）由细菌制造的产物，它源于自然潮湿的环境中或者由人类制造，甲烷来自水淹过的稻田或者草原，人类开采这种气体以获取能量。目前，超过半数的甲烷气体释放是由于人类活动造成的。甲烷的天然来源大约 65% 来自陆地，30% 来自海洋。

所有的土地（森林、草原）在合适的条件之下消耗的甲烷总量要多于产生的甲烷总量。不过，持续接受灌溉的稻田会释放甲烷。生产 1 公斤大米相当于释放 120 克甲烷，所以全球范围内每年产出 6000 万吨甲烷，而且在 30 年来世界稻米产量增加了 60% 用以满足全球人口的需要。所以，只有采取适当的方式才能降低甲烷的释放量。目前，水田种植是稻米种植的最主要方法，因为这样种植的产出率最高。不过，根据实验显示，在种植过程中排干一次或者几次稻田中的水，可以让甲烷的排放量减少 60%~90%，而且对稻米产量不会有影响。间歇性排干稻田里的水是当下大幅度降低稻田释放甲烷的一种方法，但是这种方法消耗的水量是持续用水淹没稻田种植方法所需水量的 2~3 倍。而且排干水后，再为稻田重新灌水的时候，能够促

102

进一氧化二氮（N_2O）① 的释放，一氧化二氮是另一种比甲烷还要强大的温室效应气体。所以间歇性排干稻田水的方法未必更好。大自然提出的问题其实没有轻而易举的解决方法。

如果有朋友对你说应该有效处理白蚁胃肠胀气、反刍动物打嗝的问题，这样有助于防止气候变暖，你很可能觉得这位朋友的提议非常无聊。然而，甲烷是一种非常强大的温室效应气体，我们应该关注甲烷产生的所有来源。甲烷的各种主要来源中，除了刚才提到的稻田种植，另外一个重要来源的确是白蚁的胃肠胀气和反刍动物打嗝（是的，您的确没看错）。大型石油企业出资请科学团队对这些复杂的课题进行研究，让石油企业感兴趣的是：通常可以分解的纤维素，是怎样变成甲烷这种可以提供能量的有机产物呢？

牛安详地在草场上吃草，然而它们的消化系统对于草的消化能力并不比狼或者人类更强。那么牛为什么吃含有大量纤维素的草（草里的纤维素含量达到45%~90%）呢？这些食草动物的秘诀在于求助于数量众多、低调谨慎的中介：在胃里生活的细菌。反刍动物和白蚁一样，他们的消化道内都生活着能够分解纤维素的细菌，这些细菌产生大量的甲烷，反刍动物与白蚁相当于生物反应炉，真正产生甲烷的微生物生

---

① 产生温室效应的能力方面，甲烷是二氧化碳的20倍，一氧化二氮是二氧化碳的320倍！

活在它们的身体内。这些细菌把纤维素及其衍生品转化成脂肪酸。牛与白蚁在这一过程中获得碳和能量，而且可以把脂肪酸转化成能量，与此同时这些微生物大块朵颐，而且生活在宿主的体内，受到很周全的保护。

全部的家畜家禽都会产生甲烷，反刍动物（牛、羊）产生的甲烷比只有一个胃的动物（马、猪、禽类）产生的甲烷要多得多，可以达到每年 8000 万吨。一头奶牛每年产生的甲烷有 90 千克，一只羊每年产生的甲烷是 80 千克，一匹马每年产生的甲烷是 18 千克（是牛的五分之一），一头猪每年产生的甲烷是 1 千克，一只鸡每年产生的甲烷是 0.1 千克。有研究试图通过减少给家畜喂食的数量，降低喂食的频率使其减少甲烷的产出量，但这会使每头家畜的产肉量和产奶量减少。为了获得同样重量的肉或者奶，必须增加家畜的数量，结果导致甲烷的释放量比原来还要多。可见正如前文所得出的结论，大自然提出的问题，并没有轻而易举的解决方法。

白蚁数量巨大，其食物对有机物循环和腐殖质生成有重要影响。尤其是在潮湿的热带雨林地区，白蚁每年在每公顷土地上消耗 6~7 吨的有机原料，相当于掉落在地上 50% 的植物。白蚁对木材的消化能力源于需氧的新陈代谢，产生含碳气体；或者进行无氧的新陈代谢，产生甲烷。白蚁产生甲烷气体与它们的食物息息相关，食用蘑菇和腐殖质的白蚁产生甲烷的量是吃木材白蚁的 2~10 倍。全球白蚁每年释放甲烷的潜在能力估计在 2700 万吨，这个数字只是一个大概的推算数字，并不准确。

不论来源如何，产出的甲烷参与甲烷水合物的产生。甲烷水合物是甲烷分子被困在凝结水分子中的化合物（其名字由此而来，古希腊语里这个词有"笼子"的意思）。甲烷水合物是坚固、稳定的结构，很像冰，在融化的时候可以释放水和能燃烧的甲烷，所以英语将其称为 fire ice（火冰、可燃冰）。这种甲烷水合物在强压力与低温下形成。在海底，甲烷水合物在大陆斜坡彼此相遇，深度在 300~1400 米，在海拔高的海岸附近，海底的温度很低。在陆地上，这种甲烷水合物在结冰的永冻土处形成。永冻土形成一种不可穿过的冰顶，永冻土可以阻止甲烷进入大气，同时防止甲烷被空气中的氧气氧化。

每立方米甲烷水合物可能含有 165 立方米甲烷，对于目前的能源危机来说算得上意外收获。2001 年调查发现，甲烷水合物蕴藏量惊人：相当于煤炭与石油蕴藏量总和的 2 倍！也就是说 10 万亿吨碳！剩下难以解决的技术问题：怎样获取这种能源？ 20 世纪 70 年代开采石油的时候人们发现了甲烷水合物，为了安全问题，人们避免触碰它。因为这种化合物具备可燃性，而且还能导致钻井船沉没。这种化合物被释放后能让周围的水域泛起泡沫，降低水的密度，船无法在这样的泡沫上航行！

甲烷水合物在一定的温度与压力条件下很稳定，当温度升高或者压力降低时，甲烷水合物可能脱气，甲烷大量释放。

想象一下，气温升高后大草原上的甲烷水合物变得不稳定，释放甲烷。如果海底的这种气体水合物也变得不稳定，释放甲烷的规模变得更大，触发一系列反应，一发不可收拾。如果温度大幅降低，导致出现结冰，海平面下降，海底的压力降低，甲烷被释放出来，导致温室效应增强，则会平衡气温下降的情况。所以释放这种含有甲烷的水合物可能产生相反的效果，有些在地质记录中不留任何痕迹，有些无法控制的反应在生物多样性和沉积岩的地质记录中则留下深深的痕迹。

如果出现上文中提到的情况，那么甲烷水合物大规模不稳定，会达到地质级别的广度。人们会迅速感觉到甲烷的释放，从地质时间层面看来不会持续很久，但是依然会造成巨大影响。因为一方面甲烷造成温室效应的能力极强，另一方面即使甲烷仅仅能在大气中存留十几年，但是在氧化后会变成二氧化碳。二氧化碳的持续存在则会大大加剧温室效应造成的影响。因此，近年来甲烷水合物被认为是过去地质年代导致气候剧烈变化的原因。而且甲烷水合物短时间的释放过程非常剧烈，在海洋上钻探提取的样品中含有甲烷水合物的时候，船上岩心提取器（钻头）造成的开口会导致危险。因为开采令整片沉积岩压力突然下降，甚至导致包裹沉积岩岩心的整个外壳爆炸。在出现地震或者火山活动的时候，海底甲烷水合物变得不稳定，有时会引起大规模海底泥石流与塌方。

饱受争议的假设：盖亚假说

20 世纪初，俄国地质化学家弗拉基米尔·维尔纳茨基（Vladimir Verdnadski）提出了全球生态的原则。曾经供职于美国国家航空航天局（NASA）的大气化学家詹姆斯·洛夫洛克（James Lovelock）在 20 世纪 70 年代再次提到这种思想，并且提出了盖亚假说（Gaia hypothesis）。根据该假说，地球如同一个"有机体"。这个假说在艺术上或者宗教上看起来非常吸引人，同时正是由于这个原因，在科学界遭到很多质疑。而且，一些极端环保主义者、激进环保哲学人士宣扬，人类起初是地球的一部分，世间所有一切都相互关联，他们曲解了盖亚假说并且为己所用。

盖亚假说提出，我们的星球如同生物体一样运行，能够保持必要条件使自己顺利生存。另外，这种把地球比作生物的说法仅仅是类比，绝不是简单地说地球真的是一个生命体。假说所要表达的是地球并非一颗惰性十足、毫无变化的星球，地球的历史鲜活丰富，并非一成不变。对于盖亚假说的理解不应该仅从字面上去考虑，而应该从"一切都仿佛……一样"的角度看待，绝不应该把地球当成有呼吸、循环、生殖能力的生物。该假说尽管在诞生之初饱受争议，但是仍然引出了一些值得关注的理论与新的研究领域。虽然这种假说远没有得到所有人的认可，它却提供了有用的思考方法：地球上的物理、化学、地质、生物活动彼此互动、互为因果。它完美地表现出地质圈与生物圈相互影响的情况。

在历史上，地球母亲的概念始终通过各种各样的形式存在于人类的文化当中。在科罗拉多霍皮印第安人（Indiens Hopi）的文化里，大地的名字叫塔普阿（Tapuat）（兼具"母亲"与"孩子"双重意思），用同心圆或者方块代表，意思是生命的循环与精神的重生，以及人应该遵循神创造的世间迷宫般的命运，寻找生命的启示。在印度教里大地母亲的概念同样存在，代表女神是卡莉（Kali），她拥有世间全部的善与恶，具备宇宙中摧毁一切的绝对权力和创造提供美好礼物的能力，既代表生存又代表毁灭。她的名字另一个意思是穿越海洋的船舶。古希腊人把大地女神称作盖亚（Gaia），她代表大地，是有生命与无生命的世间万物的创造者。和卡丽一样，盖亚温柔，具备女性特质，是一位养育后代的母亲，同时也对于遇到她的万物表现出残酷与强硬。地球由生物构成并非近期才出现的观点，苏格兰学者詹姆斯·霍顿（James Hutton）在 18 世纪的时候已经提出。1974 年，医生路易斯·托马斯

（Lewis Thomas）把这种观点发展得更进一步，写下了这样的话语："我努力想象地球是一个生命体，不过它更像一个孤立的细胞。"詹姆斯·洛夫洛克重拾了大地母亲这一观点，并且加入了科学的色彩。[①]他把"盖亚"定义为复杂系统，包括生物圈、大气圈、水圈、岩石圈，彼此之间相互反应，趋向保证生命延续的最优环境。

詹姆斯·洛夫洛克与美国微生物学家林恩·马古利斯（Lynn Margulis）合作，确定盖亚理论内容如下："生命或者说生物圈会调节、保持气候和大气成分，使之处于最适合自己的状态。"该理论表示生物圈、大气圈、水圈、岩石圈会在动态静止的条件下保持平衡状态。这种动态平衡的状态与人体状态相似，人体各种反应保证体温稳定、血液酸碱度稳定，等等。盖亚假说认为地球的"生理状态"中，河流、海洋如同血液，大气仿佛肺，土地好似骨骼，生物如同智力。詹姆斯·洛夫洛克称之为"地质生理学"。再次强调，人体与地球的调节机制完全不同，这里仅仅是类比而已。另外，顺便一提，比喻中把生物比作地球的智力，这是不是人类中心论的痕迹呢？

其实最初是在火星上寻找生命的研究让洛夫洛克想到盖

---

① 詹姆斯·洛夫洛克（James Lovelock），《盖亚时代》（*Les Âges de Gaïa*），罗贝尔·拉丰（Robert Laffont）出版社，1990 年。

亚假说的。因为他为美国国家航空航天局，工作，所以上级让他研究其他星球上的生命，提出假说，证明是否有生命在其他星球上生存。当时的一种理论是，如果行星上没有生命，那么它的大气在化学上是平衡的，也就是说全部可能发生的化学反应已经发生过，那里的大气在化学上已经平衡，是惰性的。如果一颗行星上存在生命，那么大气不会处在平衡状态，因为仍然有化学反应。比如，观测火星和金星的大气组成，可以发现其中主要成分是没有反应的含碳气体（图 10）。根据美国国家航空航天局的假设，这两颗星球上不存在生命。但是地球上同时存在甲烷和氧气，这两种气体在化学上不相容。所以在矿物化学之外应该还有其他的原因解释这两种气体为什么可以同时存在。

项目	金星	火星	地球
氮	< 2%	< 3%	77%
二氧化碳	95%	95%	0.03%
氧	无	无	21%
化学平衡	是	是	否

图 10　金星、火星和地球的大气组成

地球上的气体组成尽管恒定，但是并没有处在化学平衡状态，这意味着地球存在某种形式的调节机制。洛夫洛克起初认为生命是调解机制的角色，后来扩大范围，觉得气候、岩石、空气、海洋等整个系统如同一套协同机制都参与了调节。物理、化学、地质、生物力量相互影响，共同保持均衡，保证了内部能量平衡，吸收到的太阳能和向太空失去的能量均衡。地球能够调节能量流动，回收各种材料。几百万年来太阳给地球带来持续的能量，可以把它当成源源不断的能量来源。地球直接以热量的形式获取一部分能量，间接通过光合作用的形式获取一部分能量，另一部分通过长波放射的方式把能量反射回太空。

的确，生物圈、大气圈、水圈、岩石圈并驾齐驱，同时运行。但是并没有所谓的最终机制，也没有高级机制，不存在可以解决各种问题的救星控制大局，只有自我调节的控制机制。根据盖亚假说，从大到小各种组织在全球的层面上协同作战，但这并没有切实准确的数据证明。如果几十年后，有了足够的真实证据表明地球是一个自我调控的系统，那么盖亚假说将变成正式的理论，正如大陆板块理论一样。在此期间，盖亚假说仍然是一种刺激思考、引导科学研究、帮助理解地球如何运行的想法。[1] 这条假说受到欢迎，因为它让人

---

[1] 科学界不肯接受盖亚假说的另一个原因在于，尽管这些论据可以接受，但是很难通过实验证明这一假说。盖亚假说认为生命为自己的生存创造了条件。总之，生命塑造了我们所认识的地球，而不是地球塑造生命。人类正在探测太阳系和太阳系以外的空间，或许有一天我们能够发现一个地方，能够告诉我们生命是否塑造了一颗星球的环境条件，还是说生命仅仅属于回应非生命世界改变的一个进程而已。

类从另一个角度去观察生态。生物不仅仅是环境促成的产物，而是反过来会改造环境。现在，我们知道了生命和生物化学循环相互作用。

地球是唯一系统的想法，让人们重新认识到地球上各种因素的彼此联系与相互作用，所以人类的活动对于地球整体也会产生影响。我们从此不应该把地球的各个部分当成分别独立存在的个体，而是依存于整体的组成元素。人类的活动也遵循这一原则，砍伐树木或种植树木、扩大种植面积或减少种植面积、加大含碳气体排放量或降低含碳气体排放量、用植被覆盖地面或清除地面植被，所有活动对于地球都会产生后果。这一假说中，最困难的部分在于如何判定、评估这些活动造成的后果，比如在短期内判断某些活动的结果是积极的还是消极的。如果地球能够自我调节，那么可以想象地球自己会适应人类活动的影响，这可能会成为人类对环境任意妄为的借口。但是，需要知道的是，地球会用怎样的速度去对人类的活动做出反应，地球的反应会不会给人类造成伤害。同样的道理，在不同的时间尺度内，进行光合作用的细菌产生大量氧气，于是造成了开放环境下大量厌氧菌无法继续生存。

·

·

·

从变化到危机

··

·

·

·

您说的是危机！

　　生物圈的历史如同一条布满陷阱的道路。生命不是田园牧歌，不会和谐美满、四平八稳地在地球上繁衍发展，生命的历史不是一条平静的长河。当然，地球也不是地狱，否则我们就不可能坐在这里安静地谈话了。生命自从诞生之初就平庸乏味，必须适应自己当时当地所处的环境，一切的关键都在于生存需要（呼吸、进食、繁殖……）与环境条件之间的互动平衡。达尔文的理论很有道理，适应环境是地球上生命的核心原则。因为环境条件随着地球上的地壳运动（火山喷发、大陆板块运动……）发生变化，加上外部因素（气候、太阳活动……）与生物产生的影响，生物圈也在演变，组成充满各种事件的生命历史。在宽广的时间与空间维度观察，生物多样性走过多样化时期与表面上稳定的时期，也面对过各种动荡不安的时期。地球上的生命从来不是一成不变的，生命从变化走向危机。

　　当今社会的人们在媒体的狂轰滥炸之下，相信自己始终经历危机：20世纪60年代的冶金与煤炭危机，1968年的社会危机，1973年和1979年的石油危机、农业危机、食品危机、医疗危机、存在危机、工作危机、能源危机、信任危机，等等。加上2008年的金融危机、2010年的欧元危机，还有气候危机——洪水、龙卷风、干旱……我们都知道"危机"这个词汇，但是大家时时谈论的危机究竟是什么呢？

从词源学上分析，"危机"一词包含"决定"的意思，与"在几个可能选项之间做出选择的能力"密切相关。希腊语中"Krisis"（危机）指过滤器、决定。日语中"危机"一词由两个表意的字组成，分别意为"危险"与"机会"。从语义学衍生意义看来，危机有"扰乱、割裂"的意思，让人联想不同寻常的情况，通常与起初的情况不同。"危机"的概念扩展到"失去平衡"或者"严重混乱"的意思。在人们的日常生活中，"危机"的概念混合了全球化、日益频繁的交换、能源价格上涨、过度开发资源等，社会与经济失调让人完全放弃对于环境的关心，导致生态危机，同时还有气候问题、流行病问题，等等。整个系统最终恐怕会变得无法收拾，最终导致全球性的大崩溃。有人预言，由于若干因素的共同作用，最终将导致噩梦般的结局，以全球性灾难收场。

谈到生物多样性问题时，危机应该会对各个物种进行筛选，有些物种能够越过面前的环境障碍，有些则不能。尽管次数不多，我们还是能够听到有人使用"世界末日"一词。

把这个词用在生物多样性问题上可能不够恰当，但是翻天覆地的变化一定会出现（这个词让人想起世界末日，正义与邪恶正面交锋），对于能够通过危机的物种来说，巨变过后将进入一个更加美好的新世界。

不论采取哪种定义，用"危机"或者"末日"形容生物圈经历的事件意味着我们有能力发现那些非常短暂的事件。其实对地质年代的，准确估计非常困难，对时间估算最精确的误差范围在几十万年左右。从地质年代层面看起来"突然"的事件实际上持续时间可能有数千世纪之久。而从物种分化速度，尤其是这些物种存在的时间（数百万年）尺度上观察，这些事件的确发生得非常"突然"。

在岩石中的一切都证明地球历史充满曲折，充斥着剧烈的变化。在18世纪和19世纪，人们激烈争论地球历史的长短。地球有着漫长的过去，深处隐藏着丰富的遗迹。居维叶（Cuvier）是第一个注意到有些物种大规模灭绝的情况，人们认为他是"灾变说"之父。大规模灭绝（甚至全面灭绝）解释了过去世界和今天世界为什么会存在巨大的差别。这种研究方法曾经非常受欢迎，在莱尔（Lyell）和达尔文的研究出现以后，这种方法遭到抛弃。直到20世纪中叶才再次出现有关生物大规模灭绝的研究成果。这次重新出现关于生物多样性遭到威胁的言论，有时被称作"新灾变说"，具体表现是多部相关题材的成果出版：1954年前，每年3篇科学论文出版，在 20 世纪 60 年代每年 20 多篇论文出版，20 世纪 80 年代是每年 200 多篇论文，到了新千年的时候，每年出版的论文数量达到 330 多篇。

生物物种不断更新，有些物种消失，新的物种出现。当各种差异很大的物种同时消失的比例很高的时候，可以称为"危机"或者"大规模灭绝"。满足三个标准，才可以称得上危机出现。第一，消失的物种必须超过一个种群，也就是说绝不仅仅是个别情况。所以盾皮鱼纲的动物（在 3.8 亿年前生活在海里身披骨甲的鱼类）在石炭纪初期消失不能被称作危机。第二，灭绝必须在面积足够广大的地区出现，也就是说灭绝不能仅仅出现在局部或者某一地区。所以六百万年前地中海部分地区干涸称不上大规模灭绝。第三，从地质学角度看物种灭绝发生的时间必须在一个比较短的时间段内，即突然发生剧烈的事件导致物种灭绝，而不是事态演变的总体趋势最终走向物种灭绝；一个地区动植物逐渐走向衰亡、一个物种代替另一个物种，不属于这种情况。

通过定义上看，大规模物种灭绝代表很多物种永远消失。这并不意味着在某个时代数量众多的动物死亡，可以在地层中发现数量惊人的化石。恰恰相反，一个物种的消失过程是循序渐进的，能够产生后代的个体越来越少：物种的个体并非直接被杀，而是在产生后代的过程中出现问题或者产生很少的后代，繁殖者减少直至该物种彻底从地球上消失。相应

地能够变成化石的个体也越来越少。这种危机突出的表现是
"缺失"，所以我们很难为物种灭绝确定具体的日期。物种个
体大规模死亡可以导致死亡率飙升，一场大地震、火山大规
模喷发、大海啸都可以导致大量个体死亡，从而出现很多化
石。但是除非特殊情况，这种灾难性事件导致的结果往往局
限在某个地方，虽然对遇难的个体来说这些灾难无比恐怖，
但是这些灾难不能导致大规模的物种灭绝。因此，大规模物
种灭绝与高死亡率是两个不同的概念。

另外不能混淆的一点是，不要认为大量化石代表了某一
时代出现了极高的死亡率。有些深度的地层蕴藏了数不胜数
的化石，化石往往由各种生物组成：牡蛎、菊石等。通常是
水流运动导致生物聚集，所以生活在不同环境的不同种类的
个体混杂在一起。水流的力量把它们聚集在一处。大量的贝
类聚集出现不代表高得不正常的死亡率，某处有丰富的化石
不代表死亡率高，更不能说明当时出现了大规模物种灭绝。

出现大规模物种灭绝后，相继而来的是小规模的物种多
样化，接下来生物种类不断恢复，生物数量开始再次增加。
和危机本身相比，在危机过后的恢复阶段能够提供更加丰富
的生物圈运转状况的信息，因为这一阶段告诉我们生物圈怎
样重回正常状态，展现出生物圈自我修复的能力。生态系统
在某种程度上来讲重新变得"年轻"，准备迎接下一次众多物
种共存的时代。物种灭绝阶段导致重启生物多样性，和地球

危机前不同，全新的种类丰富的生物时代将开启。生物界这样成为生物圈改头换面的动力，促使新的景观出现。物种进化为什么成功，现在还是一个谜团。举个最传统的例子：白垩纪 - 第三纪（Crétacé - Tertiaire）的危机。在危机前的中生代，地球上的生态系统被恐龙统治，恐龙是各个领域的王者，平静的食草动物界和凶猛的食肉动物界，恐龙都担任着主角。天空、陆地、海洋，随处可见恐龙的身影。

当时的哺乳动物身材非常小（极少数哺乳动物有大猫一样大小，大多数哺乳动物的身材如同小鼠），它们只能在夜间活动，在身材高大的恐龙邻居身旁苟且偷生。后来发生的故事大家都已经知道了，恐龙遭遇危机后灭绝，哺乳动物占据了各个领域，不断分化出身材各异的新物种，而且种类繁多，占据了自然界的各个领域。如果有人在白垩纪出生，以后被传送到新生代，他一定以为自己来到了另一颗星球。

尽管危机是促进生物演化变革的动力，但是还存在其他的动力，生物圈的一些重大改变也会出现。生物逐渐在地面上定居，首先走出海洋的是植物，接踵而来的是动物，他们不仅改变了生物本身的组织形式，还改变了环境。而人们很少强调这些改变，可能因为这些改变并非消极的变化，而且没有突然出现，人们没有听到"造物开始的哨声"。

当大规模物种灭绝的顶点过去之后，接下来是恢复期。这段时间要持续多久？这个问题非常具有现实意义，因为我们可以把研究结果应用于现在，这让我们对于未来能够有所预计。遥远过去的经验告诉我们，前景可能并不乐观，所以人类应该更加约束自己的行为。大危机之后的恢复时间漫长，以当前人类社会的尺度看来，恢复阶段可谓兆载永劫。

直到现在，科学界大多数观点认为恢复阶段在一千万年左右，相当于基督教开创至今 5000 倍的时间！最近，出现了对这一时间段的最新测算，这次测算结果的依据是经过了古生代末期大危机后中生代开始时最精确的数据，这次结果大大缩短了原来测算的时间。[①] 当时礁石环境下动物群落重构证实了这个计算出来的新数字[②]：仅仅需要"短短的"一百万年时间，相当于基督教历史 500 倍的时间！换句话说，人类不可能在自己的有生之年看到自己给生物多样性造成的伤害得以恢复，也不能在人类这个物种生物进化的时间长度中看到结果（人类在地球上存在了 20 万年）。即使最新测算的时间

[①] A. 卜雷亚（A. Brayard）等人，《斯密 - 斯帕森灭绝（三叠纪早期），各个阶段的菊石组合：古海洋学与古地理学含义》[*Smithian and Spathian（Early Triassic）Ammonoid Assemblages from Terranes: Paleoceanographic and Paleogeographic Implications*]，《亚洲地球科学日报》（*Journal of Asian Earth Sciences*），36，420-433 页。

[②] A. 卜雷亚（A. Brayard）等人（2011 年），《多细胞动物生物礁在二叠纪大规模生物灭绝中的影响》（*Transient Metazoan Reefs in the Aftermath of the End- Permian Mass Extinction*），《地质科学自然》（*Nature Geoscience*），2011 年 10 月。

变短了，但是仍然彻底消灭了人类的希望。人类应该小心呵护生物圈，现在的生物圈是经过数亿年的演化才呈现出当今的面貌。经过长时间观察可以知道，导致物种灭绝不是寻常的行为，自然母亲没有能力迅速弥补这种损失。

另外，不要把危机之后的物种恢复与某一地区生物重新返回、繁衍相提并论。后者需要的时间要短得多，只需要几年或者十几年的时间。研究最透彻的例子是火山爆发后，当地生物重新返回生活的情况。有案例证明，玄武岩上重新布满生物需要二十多年的时间。的确，大爆炸或者岩浆流淌之处几乎能够毁灭一切，回想一下1902年马提尼克·圣皮埃尔（Saint-Pierre），还有埃特纳火山（Etna）流淌的岩浆摧毁了农田与村庄。生物回归的确花了些时间。首先回归的植物是那些对外界条件要求不高的植物，它们不声不响地返回，风、鸟，以及各种动物带来了它们的种子或者孢子。其次，它们生根发芽长成一个个的绿点。再次，这些绿点不断扩张，彼此交会融通。最后，又有新的生物代替这些最初来到的生物。如果像夏威夷一样，火山喷发后熔岩遍布各处，没有一处能够逃过一劫的话，后来在这里安家的生物可能与原来的生物不同。培雷火山（Montagne Pelée）不属于这种情况，在喷发之后有小面积的地区免遭涂炭，这些地方成为生物重生的源头，于是，再次遍布火山上的生物与原来的相同。

著名连环画《丁丁历险记》中的一集《神秘的星星》里

有这样的故事情节：在挪威海里出现了一座新的岛屿。类似的情况也在现实中出现，由于火山活动，在冰岛南部出现了叙尔特塞岛（île de Surtsey），植物和动物从空中和海上逐渐来到这座岛屿上安家落户。大气层底部有很多昆虫，而且孢子、真菌、花粉、细菌等很多生物乘风来到岛上。洋流也帮助很多生物登岛，有些直接伴着洋流来到岛上（比如最常见的椰子），昆虫、蛇、小型哺乳动物等生物把树干、成团的海藻当成木筏，从很远的地方来到这座岛上。在这座岛屿上，第一批植物漂洋过海来到岛上后逐渐长大，出现第一批植物定居高潮。然后是鸟类来到，鸟类通过消化道、爪子、羽毛带来种子、孢子，引发第二次植物定居高潮。众所周知，蜘蛛可以把自己吐的丝当成风筝，飞行很远的距离来到岛上。五十余年之后的今天，叙尔特塞岛存在 72 种植物、12 种鸟类，而且还有蜘蛛等昆虫。尽管已经存在各种生物，但是生物多样程度还远远不如周围的岛屿（500 种植物、370 种鸟类）。这个例子清楚地展示出生命的强大力量，如何在新的土地上存活，以及从人类的尺度看生物占据某地相对缓慢的过程。

重新回到古代和大规模生物灭绝的问题上，这种生物灭绝在生物圈历史上出现过若干次，如路标般存在。注意，不要忘记，人类目前只能根据明显的化石记录了解生物在地球上繁荣昌盛之后发生的物种灭绝事件。也就是说我们研究的起点是 5.5 亿年前开始出现化石的时代，而生命在 38 亿年前就在地球上出现了。所以人类了解的五次大规模种族灭绝都发生在化石时代，这段时间仅仅占生命历史的15%。因此在此之前很可能出现过其他大事件，但是由于没有化石，我们根本无法知道它们的存在。

在化石时代，不论规模大小，所有的危机都通过不同的方式得以记录下来。人类起初仅仅计数物种消失的数量，现在已经凭借沉积学、地球化学、矿物学、火山学、天文学等多个学科提供的数据进行详细的记录。第一步是发现[1]导致出现物种灭绝的大大小小的事件。通过对3.6万种海底生物的研究，一共总结出61次此类事件。

大规模生物灭绝是偶然发生的吗？还是说会周期性出现？在20世纪70年代末，科学家推测深海生态系统的生物灭绝周期是3200万年，几年之后又有科学家认为在最近的2.5亿年的时间里（从中生代到新生代），这个灭绝周期是2600万年。怎样的论据支持这样的论点呢？科学家在地球之外寻找证据，穿过太阳系的银河黄道面（太阳及其周围的行星几乎完美地处在这个平面上）在银河（我们的星系）中线摇摆。这种摇摆是有规律的，于是地球每次穿过银河黄道面的

[1] O. 瓦莱泽（O. Walliser，1996年，《显生宙全球事件和地层学事件》（*Global Events and Event Statigraphy in the Phanerozoic*），柏林，斯普林格 - 维拉格（Springer Verlag）出版社。

124 时候，即每隔 3200 万年，会遭受陨石雨的袭击。另外，在太阳系的边界，比冥王星远得多的地方，存在数以十亿计的彗星（由岩石和冰组成）组成的云，被称作奥尔特云（le nuage d'Oort），其中包含一万亿到两万亿的彗星。对银河系的动力研究后，科学家们认为奥尔特云发生重力波动后，在 2600 万~4000 万年的时段内，可以导致太阳系内部的彗星增加（彗星雨）。美国航空航天局的科学家迈克尔·R. 兰皮诺（Michael R. Rampino）[1] 认为，生物大规模灭绝和陨石坠落地球的地质学数据符合奥尔特云的活动模式，周期在 3000 万~3500 万年之间。尽管如此，他承认中生代与新生代之间撞击地球的陨石并不符合彗星雨的周期。另一种天文学的假设认为，有一颗不知名的寒冷星球，它陪伴太阳，周期性地扰乱彗星轨道。这颗星名叫"涅墨西斯"，它的名字来自古希腊神话中黑夜女神倪克斯（Nyx）的女儿——复仇女神的名字。

根据以上因素，物种周期性灭绝的说法看起来有可能是事实，但是经过观察，这种周期性仅仅存在于一个模糊的期

---

① 迈克尔·R. 兰皮诺（Michael R. Rampino，2002 年，《星系在周期性撞击与地球大规模生物灭绝时的角色》（*Role of the Galaxy in Periodic Impacts and Mass Extinction on the Earth*），C.K.G. 科贝尔（Koeberl）和麦克雷奥德（MacLeod），《灾难性事件和大规模灭绝：影响及其他》（*Catastrophic Events and Mass Extinctions : Impacts and beyon*），《美国地质社会》（*Geological Society of America*），特刊，356，667-678 页。

限内（2600万~4000万年），而且并没有涵盖所有的危机。另外，在古生代末期之前的时代发生过什么很难得到验证，于是该理论无法在生物历史中一半的时间长度里得到验证（经过该理论验证的生物历史时间仅有 7%）。所以这种理论的假设成分很大，存在各种错误与不确定因素，最终可能导致人们把任何东西都放进这个理论中验证，导致这个理论失去意义。虽然如此，研究者依然召开各种研讨会讨论这种假设，因为对科学工作者来说，尽管难以确定的误差区间可能达到数百万年，但是如果能够像神一样预测未来，不但非常吸引人，而且可以给人以极大的荣誉感。

造成危机的因素

　　在分析五次大规模生物灭绝之前，先要介绍造成生物灭绝的主要原因，同时回答众多的相关问题。是否存在来自宇宙的原因导致生物灭绝？导致危机发生的必要因素是什么？若只存在部分原因，是否足以导致大规模生物灭绝发生？根据人类的观察，在历史上是否存在即便规模有限，但仍然导致生物多样性出现危机的现象？

超新星与极超新星

　　1879 年，美国天文学家本杰明·A. 古尔德（Benjamin A. Gould）发现了 3000 光年直径的星环，该星环以他的名字命名，叫作古尔德星环。它是离我们 50 秒差距（parsecs）[①]的行星状星云。我们处在经过大爆炸诞生的古尔德星环内部，那次大爆炸发生在大约 6500 万年前，与地球的距离

---

① 1 秒差距 =3.26 光年。

相对较近。爆炸可能由于在大型星团中的超新星爆发所致，爆发时所产生的冲击让其他行星失去平衡，导致超新星连锁爆发，这些现象产生了对地球生物致命的辐射波。与之类似，科学家们[1]怀疑生物圈还经历过同类现象：伽马射线暴。伽马射线暴释放的能量超过传统的超新星爆发（极超新星爆发）。两束高能量粒子被释放，在几秒的时间里放出伽马射线。这些射线电离大气，大气释放紫外线光子，强度极大，可以穿进海洋75米深，导致浮游生物大批死亡，尤其是那些依靠光合作用生存的浮游生物。这些浮游生物是食物链的最底端，而且还是氧气、二氧化碳交换的主力军，它们大批死亡给众多其他种类生物带来严重影响。另外一种假设认为，在3000万年的周期里，奥尔特云的彗星雨导致生物大规模灭绝。

① Ph. 迪布瓦（Ph. Dubois，2004年《走向最终灭绝，陷入危险的生物多样性》（Vers l'ultime extinction, la biodiversité en danger），拉马蒂奈尔出版社（La Martinière）；O. 马丁（O. Martin）、R. 卡德纳斯（R. Cardenas）、M. 格玛拉斯（M. Guimaraes）、L. 普纳特（L. Penate）、J. 欧瓦特（J.Horvath）、D. 噶朗特（D.Galante）（2010年），《伽马射线射入地球生物圈的结果》（Effects of Gamma Ray Bursts in Earth Biosphere），《天体物理学与空间科学》（Astrophysics & Space Science）。

太阳

太阳通过各种方式影响地球上生物的发展演化，它带来光合作用不可缺少的光线，而且太阳发出的强烈光线很大一部分被地球磁场创造的防护盾挡住了。这块盾牌让大部分对地球生物有害的太阳光线改道。所以，如果地球磁场出现变化，部分有害阳光进入地球，不难想象接下来会对生物产生怎样的影响。因此，科学家寻找磁场翻转与生物多样性二者之间的关系，但时至今日还没有发现有说服力的证据。

太阳的活动、太阳赋予地球的能量并不均匀。太阳活动与地球温度之间的关系显示二者之间的紧密关联。包括美国科学家约翰·A. 艾迪（John A. Eddy）[1] 在内的不同科研工作者认为，太阳的活动至少在一定程度上导致地球气温高低起伏。小冰期（17~18 世纪）是两者间关系的典型例子：那是工业革命前的时代，欧洲经历了低温，同时太阳活动很不活跃。当然，这不能作为二者之间存在因果关系的铁证。研究太阳活动活跃期和静止期、地球温度变化、工业革命以来二氧化碳的排放三者的关系，最近 150 年时间，可以分成四个太阳活动时期：

---

① J.A. 艾迪（J.A. Eddy, 1976），《最少徘徊》（*The Maunder Minimum*），《科学》（*Science*），192，n° 4245，1189-1202 页。

第一个时期：1860 年 ~1910 年，太阳活动整体来说很稳定（当时太阳活动以 11 年为周期）。人类排放的二氧化碳量很少，这段时间里地球的平均气温稳定。

第二个时期：1910 年 ~1940 年的三个周期，太阳活动，二氧化碳排放量增加，气温升高。谁导致了气温升高：太阳还是二氧化碳？我们并不知道。

第三个时期：1940 年 ~1975 年的三个周期，太阳活动减弱，二氧化碳排放增加，气温稳定，推测二氧化碳导致的温室效应弥补了太阳活动减少导致的温度下降。

第四个时期：1975 年至今，二氧化碳的排放量增加，太阳活动更加活跃，气温急剧上升，所以推测人类排放的二氧化碳可能扮演了温度上升加速器的作用。

很难给上述观察结果做出解释，因为需要分析各种不同因素综合作用产生的后果。克劳德·阿莱格尔（Claude Allègre）、文森·库尔提犹（Vincent Courtillot）等科学家认为是太阳活动造成的温度上升，爱德华·巴尔德（Édouard Bard）、让·茹在尔（Jean Jouzel）以及很多其他科学家认为是人类排放过多二氧化碳导致温度上升。尽管人们对当前地球温度上升（所有人都认为地球气温在上升）的首要原因仍然有不同的意见，但是不可否认的是太阳的活动对于气温变化至关重要，但是二者之间的联系过于复杂，并不是一目了然的简单因果关系。

陨石

陨石指的是小行星遭到撞击后的碎石。法语中"陨石"这个词本身指的是空间中石头坠落时伴随发出的光亮。这些从天空掉下来的岩石总是激发人们的想象，自从古代，就有人把陨石作为崇拜的对象。1492 年，有陨石坠落到科尔马（Colmar）和牟罗兹（Mulhouse）之间的昂西赛姆（Ensisheim），当时人们把陨石当成上帝的旨意，很长时间之后人们把这块陨石从教堂运到了城市里的博物馆。自从这块陨石坠落之后，据统计在法国又有 67 块陨石坠落。这些坠落在法国的陨石中，被命名为"鹰"的陨石值得一提，这块陨石在 1803 年 4 月 26 日落到诺曼底，变成了 2000 多块小型陨石，这促成了对陨石真正意义上的科学研究；沙西尼（Chassigny）（1815 年坠落在第戎附近）这块陨石来自火星；"骄傲"是在 1864 年坠落在蒙托邦（Montauban）南部的陨石；奥尔南（Ornans）是 4 年之后坠落在杜省（Doubs）的陨石。

当陨石从天空中掉落时，依据大小不同，会留下程度不等的痕迹：撞击产生环形山，也叫陨石坑（古希腊语称之为 blêma，意为"星体的伤痕"）。其中最著名的当属美国亚利桑那州雄伟沙漠中的陨石（Meteor Crater）坑了，该陨石坑直径超过 1 千米，深度大约 200 米，年龄约 5 万岁。它也让全世界都相信从天空中会有陨石坠落的事件发生。在

1908 年 6 月 30 日早晨，一颗陨石落在西伯利亚的通古斯（Toungouska）。耀眼的光芒中一颗陨石在天空划过，伴随着震耳欲聋的巨响，陨石掉落地面，几百千米的范围内都听得到爆炸声。2000 平方千米面积的森林被爆炸的冲击波吹倒（估计有 6000 万棵树木折断）。通过当时拍摄的照片，可以看到大量的树木整整齐齐地倒在地上，指向爆炸中心之外的方向。人们没有发现陨石，也没有找到陨石坑，因为这颗陨石很可能在半空中爆炸。根据爆炸造成的损坏测算，这次爆炸的能量相当于 1000 枚广岛原子弹——"小男孩"（Little Boy）产生的能量，陨石直径在 50 米左右。最近，人们在数字模拟那次撞击中加入了众多的新参数，而不是仅仅做动力撞击的能量计算，新结果显示，撞击产生的能量大概只有原来估计的四分之一[1]，即便如此，也相当于 250 枚"小男孩"原子弹的能量。

在德国的里斯（Ries）陨石坑直径达到 20 千米，位于巴伐利亚西部。陨石坑几乎呈现圆环形，底部平坦，和周围的山丘形成鲜明对比。人们一开始以为它是以前的火山口，在

---

[1] M.B.E. 波斯洛夫（M. B. E. Boslough）、B.A. 克罗弗德（B.A. Crawford）（2008 年），《低海拔空炸与威胁影响》（*Low-altitude Airbursts and the Impact Threat*），《工程影响国际日报》（*International Journal of Impact Engineering*），35，1441-1448 页。

1960 年证明这是大约 1500 万年前的陨石撞击形成的。陨石坑的中心是几个市镇，其中有讷德林根（Nördlingen）市，该市拥有一家博物馆。

在法国，最重要的陨石坑当属上维也纳省（Haute-Vienne）和夏朗德省（Charente）之间，位于罗什舒阿尔 - 沙桑翁（Rochechouart-Chassenon）的陨石坑了。它应该是 2 亿年前一颗陨石撞击后留下的痕迹，这个陨石坑直径大约 20 千米，估计撞击地面的陨石直径大约 1.5 千米，撞击地球后方圆 100 千米范围都造成损坏。撞击产生的碎片甚至被抛射到450 千米之外。撞击改变了 5 千米深的地下岩石成分。那次撞击的强度估计是广岛原子弹的几百万倍。随着时间的流逝，各种侵蚀作用削平了当时撞击留下的高地，但是地下仍然保存了众多的岩石，成为那次撞击的证据。在城中漫步的时候，随处可见来自地球之外的岩石：街头的石板路、建房用的青石，尤其值得一提的是教堂门廊所用的石料十分美丽，红色为底色、夹杂黄色斑点和柔和的翠绿色斑纹（接近古罗马时期沙桑翁浴场）。罗什舒阿尔陨石坑是地球上第一个单单通过观察撞击后的结果发现的陨石坑。通常来说，地形上的环形结构是无法通过观察辨别的。

今天，得到最多媒体报道的陨石坑应该是墨西哥尤卡坦半岛（Yucatan）的希克苏鲁伯（Chicxulub）陨石坑。这个陨石坑的直径大约是 180 千米，6500 万年前直径约 10 千米的陨石撞击地球后留下了这个陨石坑。据说那次撞击产生的能量相当于广岛原子弹能量的几十亿倍。

地质学家现在拥有大量的信息，帮助他们探测可能存在的陨石。首先，凭借"冲击岩"（impactite）作为证据，冲击岩是部分融合甚至玻璃化后的岩石碎片。另外，还可以通过岩石结构的改变寻找陨石，大小不同的岩石呈现有划痕的圆锥结构（从几分米到几十米）。还存在众多其他证据：由于撞击产生的矿物碎片（撞击产生的石英）；某种类似铂、铱一类的金属元素含量增加；微小的球体——那是一种类似玻璃的物质融化然后冷却所得；特殊矿物（尖晶石、镍磁铁矿）；当然，撞击产生的陨石坑如果仍然肉眼可见的话也可以作为证据。

地球上还有很多陨石坑已被人发现，当然还存在其他的陨石坑有待发现，有些甚至永远都不会为人所知。因为根据时代的不同，露出海平面的土地占据整个地球面积的四分之一到三分之一。落入海中的陨石数量同样众多，可能会引起巨大的海啸，而这些陨石留下的痕迹可能会永远隐藏，并最终消失。即使陆地上的陨石坑也会被时间抹去痕迹，风雨侵蚀、生命活动、沉积作用等多种因素都会让陨石坑无声无息地消失。

1970 年 D. J. 麦克拉伦（D. J. McLaren）以泥盆纪晚期

（Dévonien supérieur）[1] 危机为例，首次提出陨石会影响生物多样性的观点。十几年后，美国人阿尔瓦雷斯（les Alvarez）才凭借对白垩纪 - 第三纪危机的研究让这个观点家喻户晓（见第 4 篇第 4 章）。质量微小的陨石每年到达地球的总质量可以达到几万吨甚至几十万吨[2]！陨石除了会给地球带来矿物，还会扰乱生物多样性，人们已经对这个话题展开过讨论。回顾历史可以看到陨石撞击地球的同时往往出现危机，尤其是质量大的陨石除了造成陨石坑之外还可以带来其他影响。

具有列支敦士登（Liechtenstein）和美国双重国籍的学者戈塔·凯勒（Gerta Keller）认为，过去 3.5 亿年间陨石撞击地球并没有造成大规模生物灭绝。但是陨石造成生物灭绝的套路仍然继续，因为撞击的具体时间很难确定，所以拥护这种假说的人们总能够在大致相符的时间段内找到陨石撞击地球和生物灭绝的时间，借此证明这种假说。另外，陨石撞击地球导致生物大规模灭绝的情况往往被人过分夸大，科学家的确建立过一些模型阐述这种现象（比如灰尘在撞击后会升上大气层高处，悬在平流层，形成核冬天，等等）。但是所有

① D.J. 麦克拉伦（D. J. McLaren，1970），《弗拉斯阶 - 法门阶生物灭绝》（*Frasnian- Famennian Extinctions*），《美国地质社会》（*Geol. Soc. Am.*），特刊，190，477–484 页。

② 估计每年来到地球上的陨石总质量在 1.5 万 ~36 万吨。

的模型都不能解释一个事实：为什么有些物种遭到彻底灭绝，而有些物种依然能够顺利走过白垩纪 - 第三纪的危机？存活下来的物种和灭绝的物种相比，有什么独特之处？

地核旋转速度与地磁变化

地核旋转速度与地球整体的自转速度并非始终一致，地核旋转速度的改变对于地球的自转会产生影响。微小的改变意味着一天的长度会有几分之一秒的轻微变化，改变地球接收到的太阳能总量（与太阳本身的活动无关）。时间上的变化非常微小，无关紧要，但是由于地球表面积巨大，所以涉及地球上的变化不容小视，对地球表面温度的改变有明显的影响。地核自身旋转速度改变从最大值到最小值的曲线和地表温度从最大值到最小值的曲线吻合。科学家们在该领域展开了大量研究，最近的研究成果[①]显示，我们根本没有理解地核对于地球能量的影响。不同的波在不同时间穿过地核（周期是 6 年的扭转波、周期是 60~80 年的磁性信号）产生什么影响，我们始终都没有理解。

金属地核与地磁场产生有直接关系，地磁场对地球生物

[①] N.J. 基尔（N.J. Gillet）等人（2010 年），《地核内扭转快波与强磁力场》（*Fast Torsional Waves and Strong Magnetic Field within the Earth's Core*），《自然》（*Nature*），2010 年 5 月，46，74-77 页。

发展起了重大作用。地磁场让致命的太阳粒子与宇宙射线改道，形成了一道屏障保护生命。地磁场以没有规律的方式演化，甚至在历史上出现过多次两极反转的情况，指南针指示的方向与平常完全相反，本应该朝北的指针却指向了南方。曾经有段时间科学家们怀疑两极倒转引发生物界危机，但是经过研究没有任何结果，时至今日没有证据表明地磁场两级倒转与生物多样性有任何关联。最近，有科研成果表示尼安德特人（Néandertal）的消失可能源于大约 4 万年前[1]地磁场强度减弱。地磁场强度变弱这件事确确实实发生过，但是把尼安德特人的消失归咎于此恐怕有失偏颇，当时的智人（Homo Sapiens）和其他物种并没有因此消失啊！需要分析的相关参数还包括当时人类皮肤的颜色、对紫外线的敏感度……正如作者后来承认的那样，两者之间可能只是巧合，不一定必然存在因果关系。我们不禁要想象，如果这种巧合发生时灭绝的是浣熊或者青蛙，科学家们也会说这是由于地磁场方向改变吧！地磁场的影响虽然不至于到引起物种灭绝的程度，但是有些鸟类飞行的确依靠地磁场指引方向。它们

---

[1] J.P. 瓦雷（J. P. Valet）等人（2010 年），《拉斯尚－单一湖地磁场事件与尼安德特人灭绝：因果关系还是纯属巧合？》（*The Laschamp–Mono Lake Geomagnetic Events and the Extinction of Neanderthal: A Causal Link or a Coincidence?*），《光子科学杂志》（*Quaternary Science Reviews*）。

凭借光线（蓝光或者绿光）接收地磁场的信号，因为在鸟类的视网膜上存在地磁场信号接收中心。[①] 最近根据研究证明，与卷心菜相近的一种小植物——拟南芥（arabette des dames）出于同样的原因能够感知地磁场。

在几十亿年之后，地核将变冷，成为固体，导致地磁场消失，那时很可能相当多种类的生物将走向灭亡。现在的月球和火星就是这种情况。在此之前也可能发生气候变化、太阳光强度增加等其他情况让地球上的生物灭绝。

海洋中氧气缺乏

海水溶解氧气的能力很弱（这也是为什么氧气大量存在于大气中的原因）。尽管如此，海水中小小比例的氧依然对海洋生物起到了关键作用。风和洋流的改变、海洋的形态、从海面到海底的温度差，各种因素使得世界各处的海水都能够充分混合，每个角落的海水都含有一定量的氧气。另外，浮游植物群落为产生氧气这项工作做出了巨大贡献，产生的氧气融入于每立方米水中。目前，海洋中层深度的地方是含有氧气最

---

① K. 斯坦普特（K. Stapput）等人（2010 年），《鸟类接收地磁场方向信息需要无损的视力》（*Magnetoreception of Directional Information in Birds Requires Nondegraded Vision*），《今日生物学》（*Current Biology*）。

少的地方。在冷热海水混合的过程里，温度扮演了关键角色，因为温度越高，溶解在水里的氧气越少。同样的道理，一瓶气泡水或者香槟酒放在炙热的阳光下一段时间，打开瓶子后，里边的液体很可能会喷洒出来。因为温度升高后气体在水中的溶解率下降，气体从液体里逃逸出来，集中在瓶塞下有限的空间里，打开瓶塞时会引起一场小小的"爆炸"！

如果目前全球气温升高的情况持续下去，海洋中某些地方会出现缺氧的状况，海水分层（指不同深度的海水相互混合、交换的情况减少），于是导致深层海水的氧气进一步减少。国际科研联合团体在世界所有海洋上遍布浮标，记录各种数据，记录结果显示，最近半个世纪以来海洋中的缺氧层越来越厚。在热带大西洋有些地区氧气消失率达到15%。在浅一点的地方，观察发现由于氧气枯竭的原因浮游植物群落减少，于是氧气的产生减少，很明显，这是一种恶性循环，最终导致多种海洋生物的生存环境发生翻天覆地的变化。在过去发生的几次大规模生物灭绝危机[①]中一定出现过这类的无法控制的现象。

---

① 尤其是泥盆纪末期和二叠纪末期（详见第4篇第4章）发生的危机。

地理与海平面

在海洋当中，绝大多数种类的生物通常生活在大陆架或者大陆周边地区，也就是浅海地区，深度不超过 200 米，这部分区域的面积不到整个海洋面积的 10%。由于这些地区海底环境丰富多样，存在阳光，海水在海面的流动（波浪、洋流），空气含量充足，因此海洋生物种类的 95% 生活在这里。在沿海地带可以感觉到海平面变化很大，海平面的改变对生物多样性起到重要影响，而且从地质年代上看，海平面深度纵向变化大，而且变化迅速。当海平面上升时，海水上升，侵入地形不规则的沿岸，于是制造出各种海洋生物存身的环境，为海洋生物的多样化提供方便条件。另外，海水侵入低洼地区，可能把原来连在一起的陆地部分隔开。在大陆上，那些地理上分开的生物最终会演化出各自的基因组成，于是新的品种应运而生。但是如果超过一定的限度，被海水围困的陆地面积过小，那么产生的效果恰恰相反，由于缺乏空间生物种类反而会变少，尤其对那些需要较大空间的大型生物来说尤为如此。

海平面变化的原因多种多样，有时是温度原因（基于热胀冷缩 1 摄氏度的变化会导致海平面有 1 米深度的变化）。冰冻会把大量液体水困在冰盖中（所谓的结冰静止原因），也可以导致海平面深度变化。由于冰冻，海平面下降了超过 100

140　米。如果这些冰融化，海平面要在持续几千年的时间里上升。比如 1.5 万年前，英国康维尔（Cornouailles）和法国菲尼斯泰尔（Finistère）之间地区高于海平面 100 米，英吉利海峡并不存在，当时如果巴黎和伦敦两座城市存在的话，人们可以步行来往于两个城市之间。7000 年前，该地区高于海平面 10 米。在 8000 年的时间里，出现了 500 千米宽的英吉利海峡，也就是说海峡间的海水以每年 60 米的速度于水平方向扩张（想象一下如果当下依然如此的话，海滨浴场的经营者和海港设施负责人要面临的问题）。

　　海平面上升－下降可能是由于地质构造问题：当海洋地壳迅速形成的时候，新的地质板块很热，扩张，洋脊膨胀，占据海盆大片体积，于是海平面上升。做个类比，此时的海洋仿佛装着水的锅，锅的底部凸起，锅里水的高度自然上升。相反的情况下，洋脊隆起缓慢，新的地质板块有足够时间冷却。想象一下从热气腾腾的烤炉里拿出来的蛋奶酥，温度下降后蛋奶酥会塌下去，此时的海洋底部也会像冷却的蛋奶酥一样收缩，于是海平面下降。地幔上出现凸起也是导致海盆形态出现改变的原因之一。这样的凸起能够产生 1000~4000 米高、几千千米宽的圆丘：这样的圆丘可能填满北大西洋，导致洋流发生巨大变化。那时的人类可以步行从亚马孙丛林走到西伯利亚，可以看到超级大陆性气候。后来，地表景色、动物群落、植物群落都将发生翻天覆地的变化，然后还会出现火山活动。

在地球的历史上，各个大洲曾经彼此靠近形成唯一的一块大陆，然后又分崩离析，各个大陆越走越远，然后再次结合在一起，宛如一场漫长的周期性舞会。6亿年前，各个大洲聚合在一起，形成一块被称作"第一盘古大陆"的陆地（唯一的一块土地）。在古生代的前半段也就是在4亿年前，这块陆地分成了四块。那段时期生物组织演化出各种各样的不同种类。接下来各个大陆再次相互靠近，出现了众多山脉，比如：海西期形成的山脉，包括高耸入云的喜马拉雅山脉，在法国的布列塔尼也留下了当时的痕迹，还有中央高原、阿尔丹高原。这些大陆板块继续彼此靠近，一直到2.5亿年前形成唯一一块陆地，被称作"盘古大陆"。那段时间也是生物界遭受最大危机的时代。接下来，又开始了各个板块分裂的阶段，随之出现的是生物种类变得丰富，直至今日。

各个大陆板块的分离、合并不是在每个阶段都完全相同的，所有板块都有变化。这解释了为什么今天在法国这片土地上存在原来隶属于不同板块、原本彼此远离板块的碎片。从长期看来，这也有利于生物多样性。远古时期当各个大陆聚合在一起的时候，大陆边长与面积的比例减少，也就是说沿海地区的长度减少，而海岸线附近正是各种各样的生物大量聚居的地区（下文会谈到古生代末期生物危机的情况）。相反，当各个大陆彼此分离，大陆的海岸线总长度增加，于是生物种类更加繁多。过去2.5亿年以来就发生了这样的情况。

142

全球海平面的升降发生变化，与生物多样性的危机相符合。所有的生物多样性危机发生时，海平面都降得比较低。2.5 亿年前各个大陆板块聚合在一起形成"盘古大陆"的时候，海平面下降了 200 米，生物遭遇了前所未有的重大危机，波及全部物种。生物能够感受到海平面变化，海中的生物尤其是海底生物更能感觉到海平面升降带来的影响，那些在海水上层或者海面上漂浮、游弋的生物可能受到的影响相对小一点，陆生生物则能够通过间接方式感受到海平面的变化。

火山活动

在接下来的一章里，我们将通过五次大规模生物灭绝看到玄武岩大规模流出对于生物多样性有多么重大的影响。

地球上已知的大型玄武岩地区的存在源于地幔中岩浆组成的地幔热柱（Panache de magma），这些地幔热柱在地幔中形成"热点"。地幔热柱形状如同蘑菇，从地幔深处延伸到底部，底部炙热异常的岩浆由这些通道上升来到地面。地幔热柱能够产生热点，从此处流出巨量滚烫的岩浆[1]，会导致大陆

---

[1] 岩浆流被称作"阶梯状高原"（Trapps），因为侵蚀的原因，大量岩浆逐渐涌出，沿着水平方向蔓延，然后在垂直方向冷却后层层叠加。"阶梯状高原"这个词源自瑞典语。不过第一批在印度的探险者是荷兰人，所以这个词也可能来自荷兰语。词根 trap-，trapp-，trep-，trepp 在日耳曼语种中意思是"台阶"。

板块撕裂甚至分离。在地球的历史上曾经若干次出现过这种情况，尤其在最近的 2 亿年间尤为明显。

关于当下地理图的报告展示出各个时代相对的重要程度，每个时代都根据地质年代标注出来（根据 1991 年 Besse 和 Courtillot 修改）[①]。

二叠纪 - 三叠纪：2.58 亿年前到 2.5 亿年前。中国火山活动，而后西伯利亚高原形成。

三叠纪 - 侏罗纪：2 亿年前。形成大西洋中部大型火成岩区域（CAMP），可以在西欧（大西洋附近的比利牛斯山脉）、美国和加拿大东岸、西非、拉丁美洲东北看到这一区域的遗迹。这片区域宣告了北大西洋的开放。

托阿尔阶（早期侏罗纪）：1.83 亿年前。在高原中能够发现南非半荒漠地区和南极费拉尔冰川（Ferrar）的特色，这些高原让南非和南极 - 澳大利亚 - 印度分隔开来。

凡蓝今期 - 豪特里维期（白垩纪初期）：距今 1.35 亿年。岩浆涌出的热点显现出来，我们所知道的热点有帕拉娜 - 艾滕代卡（Parana-Etendeka）（一边在南美的帕拉娜，另一边在南非的艾滕代卡，都可以看到岩浆的痕迹）。这片火山岩浆塑

① J. 贝斯（J. Besse）、V. 古蒂尤（V. Courtillot）1991 年，《非洲、欧亚、北美、印度车牌的极地之旅，以及 200mA 开始的真实极地之旅》，《J. 地理 Res》（*J. Geophys. Res*），96，4029-4050 页。

造的区域是南大西洋中部开口之初造就的，这个开口停止喷发后又重新活跃起来。里约大海脊（Rio Grande Rise）和沃尔维斯脊（Ride de Walvis）是当时留下的地理遗迹。

阿普第阶（白垩纪中期）：距今1.2亿年。

森诺曼阶 - 土伦阶（白垩纪末期）：距今9500万年。

白垩纪 - 第三纪：距今6500万年。出现了著名的德干高原（Trapps du Deccan）（位于印度高原），是形成一半后废掉的断陷谷，是印度次大陆迅速移动后的结果。

古新世（新生代初期）：距今6000万年。北大西洋出现布里托 - 北极区域（Brito-arctique）（格陵兰、冰岛）。大西洋最北部部分地区出现开口。

渐新世（新生代中期）：距今3400万年。埃塞俄比亚高原和也门高原出现，阿法尔断陷谷开口和红海开口出现。

中新世（新生代后期）：距今1500万年。哥伦比亚高原和加拿大西部高原出现。

自从18世纪开始，人类通过观察发现，火山活动会影响地球上的生物，有时会损害人类利益，导致饥荒发生。1783年6月拉基火山（Laki）在遥远而有浓雾笼罩的冰岛喷发，那次火山喷发持续了8个月，是公元纪年以来有记录的第二大规模的火山喷发。岩浆覆盖了565平方千米的地区，岩浆体积有12~14立方千米，其中60%的岩浆在喷发的最初四天涌出。火山灰覆盖了8000平方千米的范围，面积相当于科西嘉岛。估计喷发出的气体中有 2000 万吨二氧化碳，以及大量二氧化硫。这些气体导致大量植物死亡，继而致使动物死亡，导致出现大饥荒，冰岛五分之一人口消失。而且冰岛拉基火山（Laki）的喷发产生的影响不仅限于冰岛本土，甚至波及整个西欧。众多记录 [1] 证明当时出现了气候变化：1783 年 [2] 夏季出现异常的酷热，接下来几年的冬天极度寒冷，天空的颜色改变，出现"干燥"的紫色雾气。法国阿登省本笃会修士罗贝尔·依科曼（Robert Hickman）阁下观察大蒙彼利埃（Montepellier）地区空气异常，含有酸雾。蒙特尔东（Montredon）的雅克-安东尼·穆尔戈（Jacques- Antoine Mourgue）[3] 认为这些异常现象的罪魁祸首就是 1783 年拉基火山（Laki）喷发。这些消息迅速传开！由于毒雾出现，根据

---

[1] 在法国可以找到很多教区的相关记录，神父常常引用这些记录讲述旧政权时期的异常事件。对于历史学家以及地质学家来说这些记录是非常宝贵的信息资源。

[2] 在英国，直到二百年后，也就是 20 世纪末才再次出现和火山爆发前同样炎热的夏天。

[3] J-A.穆而戈德蒙特东(J-A. Mourgue de Montredon，1783 年)，《寻找 1783 年夏天大气中水蒸气的来源与属性》（ *Recherches sur l'origine &sur la nature des vapeurs qui ont régné dans l'atmosphère pendant l'été de 1783* ），M.A.R.S.，754 页：《让整个欧洲震惊的蒸气直到六月才出现》（ *Les vapeurs qui étonnèrent toute l'Europe ne commencèrent à paroitre que vers le mois de juin.* ）。

记录 1783 年夏天英国的死亡率翻倍，8 月至 9 月期间火山喷发导致 23000 名死亡案例。历史学家分析，拉基火山的喷发导致气候改变，法国农业歉收，是促成法国大革命的原因之一。糟糕的气候加上当时的社会问题、政治问题，最终让法国君主制轰然倒塌。整个北部欧洲地区都遭受到波及，英国、德国、瑞士瓦莱（Valais）地区居民遭受严重的饥荒，阿尔卑斯山谷的气候原本就很严酷，火山爆发后气候更加恶劣，不适宜居住。有人甚至认为那次火山爆发影响到北美洲、萨赫勒地区（Sahel）直至埃及。整个北半球的气候都产生变化，9月份的平均气温要比 18 世纪末同期的平均气温低 1 摄氏度。看似微不足道的改变实际影响巨大，直到 1786 年[①] 平均气温仍然要比正常情况低。

通过其他大规模火山爆发的事件仍然可以评估火山活动给气候带来的影响。1815 年不仅是滑铁卢战役发生的一年，也是印度尼西亚坦博拉火山（Tambora）爆发的一年，于是出现了著名的"没有夏季的一年"这个称号。那年 6 月 18 日由于滂沱大雨，拿破仑的炮兵部队无法正常操作大炮，是

---

① A. 施密特（A. Schmidt）等人（2012 年），《1783 年拉基火山长期喷发造成的气候影响：无法使用独立同位素硫化合物测量》（*Climatic Impact of the Long- lasting 1783 Laki Eruption: Inapplicability of Mass-independent Sulfur Isotopic Composition Measurements*），《地球物理研究日报》（*Journal of Geophysical Research*），117 页。

否应该把拿破仑的失败归咎于坦博拉火山？我们不会那么夸张。不过 1815 年的气候的确促成了弗兰肯斯坦这个著名人物在玛丽·雪莱（Mary Shelley）笔下的诞生。当时由于天气恶劣，日内瓦地区阴雨连绵，玛丽·雪莱被困在住处，无法出门，于是创作出了这个著名人物。距离现在更近的类似事件有 1980 年圣海伦火山（Saint-Helens）喷发、1991 年皮纳图博火山（Pinatubo）喷发，这两次火山爆发产生的火山灰飘浮在空中绕了地球一周。还有最近发生的 2010 年 4 月冰岛艾雅法拉火山（Eyjafjöll）爆发，媒体对此事花费大量笔墨报道、评论，其实和其他的火山爆发相比，这次火山爆发规模并不大。冰岛艾雅法拉火山在 3 月爆发，公众在 4 月份才了解此事，因为火山喷发导致大量火山灰升入空中，大批航班无法正常运行。与拉基火山爆发唯一的联系是二者都发生在冰岛。艾雅法拉火山如果没有妨碍航空交通，人们可能对此事毫无察觉。

通过对上述火山爆发事件的回顾，可见火山活动并不能仅仅通过立时可见的短期结果评价：世界末日般的大爆发、岩浆四处横流、释放有毒气体。被火山灰埋葬的庞贝古城、遭遇火山灾害的马提尼克的圣皮埃尔（Saint-Pierre），这些地方的受灾者非常不幸，但是从整个生物圈的层面看，这类大型火山喷发对局部造成的影响微不足道。如果更加仔细地分析观察可以知道，和陨石一样，火山活动产生的气体、烟尘对气候造成的后续结果才是对物种灭绝造成影响的重要因素。另外，在古生代与中生代之间，大量熔岩流出造就西伯利亚高原、德干高原，这些高原是熔岩在数十万平方千米的面积上层叠几千米形成，这是另一个层级的概念。18世纪拉基火山喷发的熔岩约12至14立方千米，组成德干高原一次流淌的熔岩在几十万立方千米的规模，全部的熔岩体积超过300万立方千米。可以想象那次火山爆发是怎样的规模，接下来产生的后果极其复杂，当前没有规模相当的火山爆发案例可以当作参照，那么就让我们专注于此类事件产生的结果吧。

人们长时间以来把气候改变归咎于火山向空中喷射火山灰，火山灰遮住阳光所致。今天人们认识到，实际上这个过程要复杂得多，相关因素有释放气体的性质、数量、喷发地点、喷发持续时间。所有的后果都是息息相关，而且各种因素有时起到的作用相反，最终结果是综合作用的结果。

有些气体，比如氯化蒸气，可以破坏平流层的臭氧，但是它们的作用短暂、微弱。

被喷射到大气底层的火山灰增加了凝结核，促进云的形成，增强反射率（反射太阳光的能力），所以会产生局部气温降低。通常来说，在人类的眼中固体粒子（灰尘）即使看起来很坚实，但是在空中存留的时间依然有限，粒子越大就会越迅速地掉回地面上。

二氧化硫（SO_2）是一种很强的温室效应气体，不过很容易与大气中的水汽产生反应形成硫酸化气体溶胶（硫酸），通过反射阳光，导致全球表面降温。同时，地球上发出的红外线被这种溶胶吸收，导致升温。可见各种反应非常复杂，不过"冷却"效果占了上风。当皮纳图博火山爆发时，估计全球平均温度下降了0.3摄氏度。这一数字似乎对于昼夜或者冬夏温差来说算不了什么，但是冰期（阿尔卑斯山的冰川直抵法国城市里昂）与间冰期的平均温度差仅有6摄氏度。这种火山喷发对于气候的影响非常重要，而且还引发新的作用机制：破坏平流层中的臭氧，而臭氧正是抵制引发基因突变的紫外线的防御盾牌；导致北极光出现更加频繁；促进酸雨出现……这些结果可以在大气中存留数年。根据在格陵兰和南极冰芯取样研究，为硫酸化气体溶胶给天气带来影响方面获得新证据。最近几十年里，火山爆发后导致地球表面平均温度下降0.2~0.5摄氏度。

伴随岩浆释放的二氧化碳（CO_2）气体会通过温室效应让地表温度升高。二氧化碳的持续存在是火山活动影响气候的一个重要因素。其他气体会迅速地从大气中消失，对短期天气影响更大而对长期的气候影响不明显。

不要忘记，在火山喷发的时候还有大量的水喷出。但是对于当今气候的变化，还不能确定水起到了温室效应还是冷却的作用。因为水根据不同形态可以有加热或者冷却两种作用。卷云是高空的一种云，由冰组成，可以反射少许阳光，但是它的最大作用是阻碍地球上的红外线向宇宙空间逃逸，所以产生了温室效应。相反，如果是高度很低的积云，那么它会反射很多太阳光，所以有降低温度的效果。

火山爆发对地表温度的影响非常重要，而且喷发的火山灰可以到达大气中很高的气层（平流层），赤道附近的火山喷发造成的影响会更大。因为平流层中气体主要朝水平方向流动，有利于火山灰大规模分散开来。而且地球自转速度最快的地方是在赤道，惯性力，即科里奥利力（Forces de Coriolis）最强，让火山灰和喷发的其他气体大面积分散更容易。所以，当火山喷发的气体和火山灰进入平流层才产生全球效应，能够在全球层面上观察到这一事实。

一些火山活动的热点（比如夏威夷、留尼汪、一些古老的高原）能够产生炽热的岩浆，没有灾难性的爆炸。对于这些地方来说，只有极大量的熔岩流淌，加上与上层空气的对流，才能把雾气带到足够高的大气中。德干高原形成过程中产生巨量岩浆，灰尘遮蔽射在地面上的阳光，导致白天的光线如同满月的夜晚一般，对气候的影响持续了 1~10 年，气温下降了大约 10 摄氏度（一次冰期的时候气温平均下降 6 摄氏度），还出现了大规模硫酸雨。1981 年弗吉尼亚综合理工学院（Institut polytechnique de Virginie）的地质学家杜威·麦克拉伦（Dewey McLean）提出德干高原的火山爆发与白垩纪-第三纪生物大规模灭绝存在因果关系，他认为伴随岩浆向大气中喷射的二氧化碳量是今天大气二氧化碳含量的 10 倍。释放出的二氧化碳覆盖在海洋表面，弥散在空气中。海洋表面的海水酸化，火山爆发的喷出物部分溶解在水里，彻底改变了水的性质，导致水藻、浮游生物受到影响，光合作用减弱，而光合作用吸入二氧化碳，导致生物碳的运转发生障碍。加上大量二氧化碳进入大气，温室效应显著加强。海水温度升高导致二氧化碳溶解在水中的量减少，于是大气中的二氧化碳变得更多，进一步加强了温室效应，然后作用于浮游生物，最后产生了恶性循环。当时出现了两种相反而又强烈的温度冲击：首先急剧降温然后大幅升温。所以这样的剧烈变化，就破坏了生态系统的平衡。

美国火山学专家皮特·R.沃格特（Peter R. Vogt）从 1972 年就提出了大型火山活动影响生物多样性的理论。导致生物灭绝的第一条原因是火山喷发时释放的有毒物质。人们很快发现更深远的影响在于火山导致的气候变化：短期内由于火山灰以及硫化物致使温度下降（火山冬季）；中期由于二氧化碳气体的释放令温度上升；长期由于玄武岩的破坏逐渐消耗二氧化碳，导致全球温度再次下降。加上酸雨的影响，平流层臭氧层遭到破坏，海水酸化。这些翻天覆地的变化综合作用，导致了几次生物多样性的危机出现。除了那些不容忽视的原因，高原的出现往往和以后出现的大陆板块分离密不可分。大陆板块分离导致陆地生物彼此分隔，可能让各地的生物产生特殊的演化。同时，为海洋生物彼此联系开辟了新路径，让原来相互独立的生态系统展开竞争。这也是对生物多样性的另一种影响！

其他的环境因素

上文提到的因素（阳光、火山活动）对地球的气候有重大影响，我们也（在第3篇第5章）看到了，矿物来源或者生物来源的气体状态与固体状态（甲烷水合物）下的甲烷对气候产生不容忽视的作用。气候（温度、湿度、风、洋流、降水）是决定物种分布的主要参数，所以任何气候变化都会反映在生物多样性上。下文中我们将详细分析曾经的大规模危机中涉及的气候因素。环境总是包含多种参数，下文中提到的是导致生物多样性危机的几种因素。

自然界的污染始终存在，即使我们并不会注意到有些污染，但是它们仍在默默地发生。运送石油的船只失事、随意清洗装载石油的船舱都是污染的源头，但这并不是人类的发明，因为自然界中存在渗漏原油的情况，在陆地上渗漏（中东、奥弗涅）、在海洋中渗漏（在委内瑞拉北部的加勒比海海底尤为突出），在渗漏点附近存在各种适应当地环境的微生物组织，它们会消化掉渗漏出的石油。这些能够分解石油的细菌已经存在很久了，但是在2010年4月22日"深水地平线"（Deepwater Horizon）钻井平台失事的时候，人们还不知道这种细菌的存在。的确，漂浮在水面上的石油造成了海岸生态环境灾难（据称，2010 年 8 月末有 4000 只鸟、1000 只乌龟、70 只海洋哺乳动物死亡），但是水下的生态环境完全是另一番景象。劳伦斯伯克利国家实验室（Lawrence Berkeley）的微生物环境学家泰瑞·黑森（Terry Hazen）的团队证明，冷水中的微生物在分解海洋中碳氢化合物的过程中起到主要作用，这些微生物能够控制石油造成的环境恶果，在当时这是前所未有的发现。这一进程加速了石油的生物分解，同时不会降低水中的氧气含量（如果氧气含量降低会对鱼类产生间接影响）。自然界中可能产生大量"污染"环境的有机物，比如富含煤矿的煤田或者地下蕴含的石油矿藏，但是即使是规模很大的煤田或者石油矿藏，它们污染的范围也十分有限。从来没有出现过自然界污染导致危机的情况。然而，人类使用重金属、农药、除草剂、杀虫剂……加上人类的数量以及人类占据的空间位置——城市、公路、公园、工厂、农田等，已经对目前的生物多样性产生了不良后果。举个例子，人类使用塑料制品产生了从未预料到的结果，各种物品（塑料盆、塑料瓶、塑料袋）由微小的塑料颗粒组成。这些物品分解后回归塑料颗粒的状态。今天人类开始看到这些塑料产品带来的影响，尤其在海边更加明显，因为海洋成了容纳人类制造垃圾的巨大垃圾桶。这些微小的塑料颗粒（人们将其称作"美人鱼的眼泪"）覆盖在整片沙滩上，漂浮在海面上，

154 鸟类吞食这种颗粒后死去。在英国，30% 的鹱^① 以如此的方式死去。而且在鱼类、鸟类、海洋哺乳动物的消化道里发现越来越多的塑料颗粒，这些动物吞入塑料颗粒后正在慢性中毒。再举一个海洋方面的例子：人类在船身刷上特殊的油漆，防止海藻以及各种动物附着在船身上，因为在航行过程中附着在船身上的生物会让船消耗更多的燃料。现在科学已证明，人类使用最广泛的一种油漆（三丁胺）可以导致生物改变性别。一些海洋中的雌性腹足类动物（比如骨螺）长出了雄性生殖器，导致这些动物的繁殖障碍。我们把这种现象称为"性变异"。而且，这种污染波及海藻、牡蛎、鱼类，这些生物貌似和我们没有直接关系，但是不要忘记，在食物链最顶端的是人类!

---

① 鹱是一种类似海鸥的海鸟，是信天翁与海燕的近亲。

模型与曲线

上一章里提到的大多数因素在时间与空间两个层面上彼此影响，这也是为什么非常难以直观地给出某种因素怎样直接影响生物多样性的原因。各种因素交叠在一起，产生的作用或者相互抵消，或者彼此促进，如同倾倒的多米诺骨牌一样难以阻止。

其中几种因素是气候变化的指标，而气候变化是导致生物多样性变化最显著的原因。甲烷水合物释放气体这个过程本身不会对生物多样性有任何影响，但是它可以改变世界气候的平衡。火山活动、陨石坠落都属于这种情况。这些因素都是通过间接作用改变了生物多样性，改变结果或者可逆或者不可逆，改变的程度或者深远或者轻微，下文中我们会详细看到。毫无例外，从5亿年前至今的最为严重五次危机每次都对应着重大气候变化。离我们最近的一次危机，对应的是冰期与间冰期交替出现，那段时间持续了100万年，在此期间，植物和动物都发生了巨大变化，至少在局部范围内产生了重大改变。

二氧化碳总量的变化是气候变化的发动机。在化石时代，岩石圈、生物圈、水圈相互作用，各自扮演着各自的角色。海洋中海底褶皱破裂、岩浆涌出，释放大量二氧化碳；石灰岩、富含有机物的沉积岩发生作用，释放大量二氧化碳。相反，当出现硅酸盐物质蚀变（玄武岩或者大理石），富含有机成分的泥土被掩埋的时候，大气中的二氧化碳被消耗。二氧化碳的产生与消耗决定了最终大气二氧化碳的含量，进而决定产生温室效应，还是发生冰川效应。这些都表现出气候的最终结果取决于在一定时间和空间范围内各种因素综合作用的结果，通过各个曲线表现出一定的关联性。

氧气曲线展示了从泥盆纪开始到石炭纪（3亿年前）出现的高峰。如果要比较氧气曲线与展示从地球诞生之初至今氧气（图11）的变化，那么要注意的是它们的时间尺度不同，变化都是根据目前的氧气水平相对比的结果。

二氧化碳的曲线与海平面高度、火山活动存在相关性，大陆板块（活动）、古地理学（大陆分配）、生产率、生物多样性彼此都有关联。

海洋的扩张速度，通过火山活动和洋脊表现出来。当海洋扩张迅速的时候，洋脊体积大，海平面上升，海洋占据新的空间，于是出现了各种曲线的关联性。这种改变影响气候变化（见下方的曲线）。

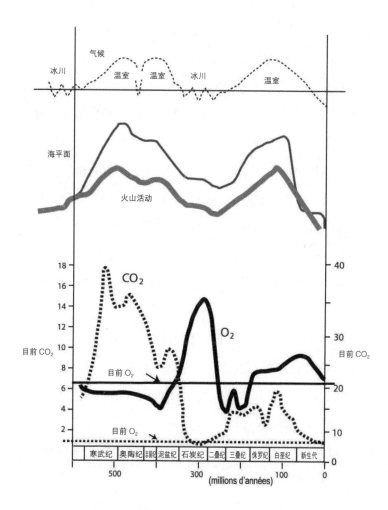

图 11 化石时代的几个参数变化从上到下：气候、
海平面、火山活动、氧气比例、二氧化碳比例

从远超过去几百万年更长的时间尺度上观察，也就是说在远远长于树木年轮（Cernes des arbres）、冰芯所藏气泡的尺度观察，想要重现远古时代气温需要大量的工作，而且工作者还要谦虚谨慎，因为所有的估计都包含不确定因素。在沉积岩或者生物化石没有记录下模式变化的情况下，下层大气的温度仍然可能变化。那么研究者应该如何操作呢？最关键的因素是引起温室效应气体——二氧化碳，把二氧化碳的变化当作气候变化的一个重要指标，测算当时地球的气候变化与生物多样性变化。在不同的时间尺度上又是什么情形呢？

相对较近的历史阶段（尤其是 1935 年至今），我们可以直接测算。

通过在寒冷干燥的气候下树木年轮更窄的这个特点，我们可以回溯几个世纪。

我们可以通过化验困在极地冰川里的气泡分析，知道 80 万年前的大气情况。

我们可通过碳化沉积物的碳同位素[①]回溯到 3500 万年前分析当时的大气。

通过分析植物化石，可以推测到大约 4 亿年前的大气状况。这些化石的叶子上存在被称作"气孔"的结构，植物通

---

① 测算碳 13 与碳 12 的相对比例，即碳同位素比值（$\delta^{13}C$）。

过气孔和外界大气进行二氧化碳和水的交换。气孔的大小根据大气二氧化碳含量和空气干燥程度的变化而不同，如果气候温暖湿润、富含二氧化碳，那么气孔的数量就少，反之气孔的数量就多。当然，一切分析都建立在从古至今气孔的生理功能没有很大改变的基础之上。

对于更早期的大气，直到 35 亿年前，可以通过沉积岩中铁的氧化程度、古土壤、海洋生物对二氧化碳的消耗（层叠石里石灰岩的沉积）来测算大气中二氧化碳的含量。

地球形成之初的时代，可以把陨石作为指标（推测地球和陨石内的成分含量相同，因为地球与陨石的来源相同）。

凭借对各种地质证据（冰川在大陆上留下的痕迹、化石）的推测，可以作为上述测算指标的补充。另外，今天我们更多地考虑岩石蚀变的情况，这种作用消耗大量的二氧化碳。当然，对于各个不同的时期使用相应适合的参数，并且需要用各种不同数据比对。

除了上述参数之外，远古气候的数字模型也是十分宝贵的帮助，当然数字模型需要建立在严谨细致地观察、研究基础上，这样才能给出精准的数据标定。给出的模型能够帮助研究者更清楚透彻地理解自然系统的运转，这是数字模型不可替代的优势。数字模型并不能提供百分之百的真理，但是在某个时间段严密而富有逻辑的模型能够帮助研究者进一步优化研究成果，而且研究者使用的数字模型有若干个。

160

通过图 11 可以看出大气中的二氧化碳含量变化很大。在古生代初期（5 亿年前到 4 亿年前），二氧化碳含量高于今天（达到 18 倍）。接下来是二氧化碳含量在泥盆纪 - 石炭纪时期（3.5 亿年前到 3 亿年前）骤减：这种现象的原因是脉管植物的出现，导致碳酸盐的破坏速度加快，然后植物根部深深扎在土里（储存碳），这样又出现了新的碳吸储库。伴随着盘古大陆的分裂，在洋脊层面的火山活动增加，曲线也随之增加。在不同的时刻，数字模型指示空气中二氧化碳比例是当下比例的 2 至 15 倍。所以可以推断当时的气候更加炎热，从温度上说，当时的数字模型显示在白垩纪（1.5 亿年前）的气温和现在相比高 8 摄氏度。经过研究得知的三大冰期 [前寒武纪末期（图中未标注）、石炭纪末期、当前] 与数字模型中二氧化碳浓度低的时代相吻合。在撒哈拉沙漠可以找到奥陶纪末期大冰期（4.4 亿年前）的遗迹，但是那个时期并不符合模型中二氧化碳浓度低的时期，当然这也可能是时间尺度上的分辨率问题[①]。媒体声称"今天大气中二氧化碳含量达到历史最高点"这样的论断绝对不准确，应该再加上一句"在人类记忆的时间范围内"作为限定。第四纪和石炭纪属于二氧化碳含量最低的时期。在石炭纪，森林被迅速埋葬，森林属于

---

① 狄南阶的危机持续时间仅 100 万年，所以在图标的尺度上完全不可见。

阶段性的碳吸储库。从人类的尺度来看近些年的二氧化碳含量激增，根据南极洲沃斯托克站（Vostok）取得的冰芯显示，当今的二氧化碳含量比最近 40 万年来间冰期二氧化碳含量最高值大了 30%，但是现代大气中二氧化碳的含量仍然处在地球历史上的最低阶段。[1]

通过对两种氧（同位素）的分析，我们也可以对古生代大气的情况有所了解。分析的基本原理很简单，在海水中的氧有两种形态：占大多数的 ^{16}O，含量很少的 ^{18}O。它们的比值取决于气温：气温越高，^{18}O 同位素的量越多。[2] 当甲壳是碳酸钙的贝壳类动物矿化的时候，机体锁住海水中的氧。在此时此地贝壳体内氧的比例和当时两种氧同位素的比例一样，这样就可以知道大约 6 亿年来的温度曲线。

如果把通过分析二氧化碳量得到的温度值和通过分析氧同位素得到的温度值做对比的话，可以发现二者分歧严重！很可能以二氧化碳为基础的数字模型不准确，也可能单单分析当时大气中的二氧化碳含量变化并不符合当时全球的气候变化，因为只了解当时大气中的二氧化碳含量不足以重构当时的大气，因为大气中温室气体还有水蒸气、甲烷等，那些

[1] 让-富朗索瓦·德考尼克（Jean- François Deconinck，2006 年），《古气候》（Paléoclimats），维拜尔出版社（Vuibert）。

[2] 实际情况要更加复杂，但基本原则是如此。

温室气体的变化对气候变化有重大影响。所以，现在一些媒体或者科学家把气候变暖单单归咎于二氧化碳，这种做法过于简单粗暴。气温与人类制造的二氧化碳存在因果关系，但是二者的关系有那么简单直接吗？如果二氧化碳与气温升高就是简单的因果关系[1]，那么，除了二氧化碳还有其他导致温度升高的因素吗？因为要假设其他的因素都毫无作用，才能得出结论：没有其他因素影响。既然人类的活动不是唯一导致气温升高的罪魁祸首，那么应该忽视警报吗？当然不应该。虽然我们怀疑二氧化碳不是唯一导致气候变暖的原因，但是并不意味着人类可以听之任之，否则一切将为时已晚，无法挽回。这不就是谨慎原则吗？

[1] 我们发现两次世界大战时二氧化碳含量明显下降，这说明至少部分存在因果关系。F. 埃斯特拉达（F. Estrada）等人（2013 年），《统计学测算人类活动对二十世纪气温变化影响》（*Statistically Derived Contributions of Diverse Human Influences to Twentieth-century Temperature Changes*），《地质科学自然》（*Nature Geosciences*）。

"五大危机"

生物多样性的演化过程中存在大规模物种灭绝或者危机的情况，这些生物多样性问题层面上的剧烈变化可以用来分割地质年代，所以有些危机标志某个时代的结束，或者分隔了两个时代。在下文中我们将看到五次大规模危机，尤其要详细研究的是分隔古生代、中生代、新生代的危机。这五次大危机的每次危机都具有各自的特点、各自的风格。造成危机的原因复杂而且各不相同，不应该像教育学①的思维方式一样在这五次危机背后寻找相同的原因。我们按照时间顺序从距今最远的危机讲起，依次分析研究。我们会沿着莱尔的脚步研究，也就是重点观察当今地球上留下的证据。用不同寻常的方式照亮黑暗的未知领域，因为我们希望读者明白，如果不考虑到进行科学研究的人类本身，那么科学根本无从谈起。

---

① 后文中的主题谈到的都是造成危机的主要原因，但是实际上促成危机的因素要复杂得多。

严寒笼罩下的地球（4.4 亿年前）

第一次大规模的物种灭绝可以回溯到 4.4 亿年前的奥陶纪末期，被称作"狄南阶"（Hirnantien）的时期。在地质学上被认为是一个短暂的时期，持续了 100 万 ~300 万年。最近通过地球化学分析[①] 得知，那个阶段持续的时间应该更长些——1000 万年左右，气温的最低点发生在狄南阶。海洋中的全部生物都遭到波及，陆地生物没有受影响，原因是当时的生物还没有在陆地上定居。大约 23% 的海洋科（famille）生物消失，灭绝比例相当于 55% 的属（genre），85% 的种（espèce）。损失最严重的是生活在深海里的物种，比如三叶虫（trilobites）、棘皮动物门动物（échinodermes）、腕足动物门动物（brachiopodes），以及苔藓虫动物（外肛动物）门动物（bryozoaires）——这是一种群居生活的微小生物组织。造成这次大规模灭绝的原因是两个让环境失衡的因素。第一个因素是气候，由于冰冻导致海平面下降，所以导致适合生物存活的陆缘面积减少。第二个因素正好相反，在缺氧的情况

[①] 芬尼根·赛斯（Finnegan Seth）等人（2011 年），《奥陶纪末期的持续时间与级别——早期志留纪冰川》（*The Magnitude and Duration of Late Ordovician – Early Silurian Glaciation*），《科学》（*Science*）6019，903-906 页。

图 12　奥陶纪的冰层遗迹（尼日尔，撒哈拉中部，贾多高原）

下水面迅速上升。众多观察都证明的确出现过冰冻，在撒哈拉沙漠中央曾经是极地一般的地方，现在仍然可以看见巨大冰川缓缓向海洋移动在满是石砾的陆地上留下的痕迹，这些痕迹在沙漠上清晰可见（图 12）。布列塔尼的克罗宗（Crozon）半岛嵌在奥陶纪沉积岩中的卵石和冰川中的卵石外形一样，极地的卵石随着冰川缓慢融化落入极地海洋深处。当时这种融化后出现的沉积岩在摩洛哥同样存在。在危机之前，沉积岩主要由海洋深处的各种骨骼甲壳（贝类、介壳）形成，随着危机到来，主要组成部分变成了细菌（这种现象，在分隔古生代和中生代的时候同样也出现）。

缺乏氧气的海洋（3.75 亿年前）

五次重大危机中的第二次发生在泥盆纪末期（距今 3.75 亿年），危机持续了大约 100 万年。全球的海洋动物都遭受巨变，21% 的科生物消失，50% 的属，大约 75% 的种消亡。如同上次危机一样，海底生物受到的损失最严重，比如珊瑚、腕足动物、三叶虫……此时，已经有生物移居到陆地上生活，没有任何东西能阻碍植物和节肢动物（antropode）演化的活力。遭受危机的主要对象仍然是海洋生物。在气候变暖之后，缺乏氧气的海水逐渐增多（缺氧环境），陨石撞击地球导致气候突然变冷，于是海平面下降。由于海水退去，产生新的陆生物种，两栖动物和植物开始大量分化出新的种类。与此同时，海洋中的危机达到了高峰。火山爆发，岩浆大量溢出[俄罗斯境内满是玄武岩的省份：普里皮亚季 - 第聂伯 - 顿涅茨（Pripyat-Dniepr-Donetz）]。同时，山脉的侵蚀活动伴随火山岩石的损坏——这种现象被称作"阿卡迪 - 卢瓦现象"[1][这种情况在美洲和法国旺带省（Vendée）都曾经出现]，导致二氧化碳被吸收，气温下降。奥陶纪的第一次危机发生原因是大

---

[1] "阿卡迪"（Acadie）是加拿大的一个地区，那里主要语言是法语。"卢瓦"（Loire）指的是法国卢瓦河，来自拉丁语。

幅度降温，和第一次危机不同，泥盆纪的这次危机是当时的气候条件不稳定，气温时高时低造成的。

几乎造成生物彻底灭绝的"双重打击"（2.5 亿年前）

第三次波及生物圈的危机是在距今 2.5 亿年前二叠纪 - 三叠纪（Permo-Trias）发生的严重危机，这段时间分隔了古生代和中生代。很长时间以来人们以为这次危机持续时间非常长，大约 1200 万年，后来科研工作者发现其实那次危机是由两次发生距离很近的危机组成的：第一次危机发生在二叠纪初期、上中二叠纪期间（距今 2.6 亿年前），第二次危机发生在二叠纪末期（距今 2.5 亿年前）。这次大型危机是生物界有史以来经历过的最严重的危机，两次危机每次持续时间在100 万年左右，间距大约在 800 万年，经过叠加的"双重打击"给生物圈带来了灭顶之灾。在海洋中，50% 的科，75% 的属，90% 的种的生物灭绝。所有种群遭受打击程度不同，但是全部都遭到危机侵袭。有些生物彻底灭绝，比如三叶虫、腔肠动物（建筑礁石的原始珊瑚）、海蕾类动物（一种棘皮动物，靠一根肉茎固定身体，外形如同花朵，在古生代数量繁多）、纺锤虫（海洋中广泛分布的单细胞微生物）。还有些生物遭到严重破坏，比如海百合纲（生有肉茎的棘皮动物）、腕足动物、陆地上的蕨类。还有些生物遭受的损失不严重甚至毫发无损，比如双壳软体动物、鱼类、四足类动物。在所有海胆中，只有一种海胆逃过一劫。如果所有海胆被彻底清除的话，那么今天的人类就没有口福品尝到美味的海胆佳肴（海胆是法国南部的传统美食）。

有些现象在整个危机时期持续出现，有些现象则是在危机过程中偶尔出现，比如火山喷发。首先在亚洲（印度、中国南方）发生，然后在西伯利亚西北部发生。在古生代末期，火山活动似乎占据了最显眼的位置。在印度北部喜马拉雅山脉，巨量熔岩覆盖了 12000 平方千米的广大的面积（相当于半个比利时）。有些地方厚度有 2.5 千米，形成"潘伽高原"（Panjal）。中国峨眉山的熔岩覆盖面积更加广大，到达 33 万平方千米（几乎相当于德国的领土面积），平均厚度有 2 千米。

在二叠纪时期迅速出现的火山喷发组成了"第一重打击"，同时还发生了气温下降现象，导致海洋中的无脊椎动物和石灰质浮游生物（纺锤虫）受创。另外，由于火山爆发前地幔温度升高（在岩石圈下边，地幔温度升高后膨胀），造成的相关影响导致海平面下降，进一步加剧了火山爆发造成的严重后果。

1982 年，普林斯顿大学（Princeton）的地质学家威廉·J. 摩根（William J. Morgan）提出了一个构想，把二叠纪和三叠纪的危机和西伯利亚的岩浆地联系起来考虑。通过各种对时间的定位判断，西伯利亚火山活动发生在二叠纪与三叠纪之间的时间（距今 2.5 亿年前），这次火山活动与第二次危机息息相关。很难重新构想西伯利亚高原最初的大小，因为后来的侵蚀大大改变了西伯利亚高原的样貌。现在人们已知的西伯利亚高原面积是 35 万平方千米，估计最开始西伯利亚高原的面积应该在 200 万平方千米，也就是法国国土面积的四倍。目前这座高原仅仅保留了 40 万立方千米的体积，估计最初体积应该在 400 万立方千米左右，相当于法国境内铺满与勃朗峰同样高度的熔岩。

西伯利亚高原属于热点上火山活动的结果，这种火山活动释放大量二氧化碳、水蒸气、温室气体、二氧化硫以及二氧化硫变成硫酸气化溶胶。大气中温室气体积聚得越来越多，火山喷发后天空中飘浮的微粒遮蔽阳光，从天上落下酸雨（硫酸），这些现象严重扰乱了生物界，而且气候变化产生连锁反应。首先出现短暂的气温下降（大约持续几年时间），下降温度达到十几摄氏度，接下来是大幅度气温上升，而且高温的时间更加持久。

这场危机中接下来的是气候明显变化，温度显著升高，所以温暖的气候带向南极与北极移动，直到南纬 80 度都能找到温带的古土壤。温度的变化可能是当时海洋中氧气减少的原因，由于在赤道与极地之间缺乏温度梯度变化，所以洋流循环变得缓慢，而且气温升高导致氧气的溶解性降低。二叠纪与三叠纪之间的土层有很大面积与格陵兰岛毗邻，而且厚度可观。

英国利兹大学（Leeds）的地质学家保罗·维格纳尔（Paul Wignall）认为这里非常适合进行细致研究。他认为那次危机并不是突然出现的，因为危机的持续时间长达几万年。更细致地划分一下，危机可以分为三个步骤，首先是在大约 4000 年时间里陆地生物灭绝，其次短暂出现了海洋生物灭绝的情况，在此期间，保罗·维格纳尔发现轻碳同位素（^{12}C）水平异常升高，最后出现了新一轮陆地生物灭绝。整个过程大概持续了 8000 年。保罗·维格纳尔认为这一过程中甲烷水合物（clathrates de méthane）发挥了作用。首先，西伯利亚火山爆发导致气温升高了 5 摄氏度，足以导致一部分陆地生物灭绝。升温之后，甲烷水合物变得不稳定，甲烷被释放进入大气，使得气温再次升高 5 摄氏度，气温总共升高了 10 摄氏度！这次产生的结果非常明显。

事实的确如此吗？我们无从知晓，总之这是一个非常合理的猜想。这个假设把所有的可用数据都纳入了符合逻辑的系统当中，这是一个"科学事实"。未来也许会发现相反的证据。

另外一个因素也导致古生代末期海洋生态系统遭受重大危机，更准确地说是大陆架区域的海洋生物遭难。大陆架是海岸向海中延伸的部分，深度可到达几百米。在古生代，由于地质板块运动的原因，所有的大陆都聚合在一起形成盘古大陆，于是大陆周边的大陆架面积减少。而且由于全球地质变化，海平面下降，海岸线向外海移动，更加靠近大陆坡，致使最适宜生物生存的海洋区域（0~300米深度）面积减少。当然，我们可以反对这种观点，认为不过是大陆板块移动了而已。但是，如果海岸线向大陆坡靠近，那么0~300米深度的区域向更陡峭的大陆坡移动，在海岸与大陆坡之间的面积会减少，而正是这片相对较浅的区域里存在大量的海洋生物。由于面积减少，导致海洋生物的居住面积不够，相当于它们的"住房紧张"。海平面下降后海底压力下降，甲烷水合物开始不稳定，甲烷这种强有力的温室气体被释放出来。甲烷氧化后参与到长期的气温升高进程当中，以此类推。而且，板块组成唯一一块巨大的陆地后气候发生变化，各个季节之间的对比强烈（大陆性气候的典型特征）。

有更大胆的推测认为可能与后来白垩纪-第三纪一样，一颗巨大的陨石落在了地球上。争论的焦点在于危机发生的主要原因是什么，是火山爆发还是陨石撞击。争论的根本在于危机持续的时间有多长。如果是火山喷发作为主要原因导致危机，即使在地质的时间尺度上持续时间很短，那也会有超过100万年；如果陨石撞击是危机的主要原因，那么危机发生时间必然很短，甚至瞬间发生。

在法国，才华出众的科学家樊尚·库尔蒂约（Vincent Courtillot）赞成火山活动的假设，有人对这种假设质疑，因为火山活动使气温升高5摄氏度，不足以造成这种规模的生

172　　物灭绝，估计气温应该升高 10 摄氏度才会造成这种后果。通过前文的分析可以知道，甲烷水合物释放甲烷气体后会使气温继续升高 5 摄氏度。美国地质学家迈克尔·兰皮诺（Michael Rampino）[1] 支持的陨石撞击假设，其最大的问题在于没有任何直接或者间接证据表明这块陨石的存在！兰皮诺去了意大利多洛米蒂山（Dolomites），在那里可以观察古生代 - 中生代交界以及周围时代的地质层。这一系列在意大利北部的沉积物层次清晰：坚硬的沉积层与松软的沉积层（黏土）交替出现。兰皮诺解释这种不同土层周期性出现过程中，每个周期时间长度是 2.3 万年。最近时期有很多这种周期性前进的现象广为人知，但是能否推测在如此远古的时代存在同样的情况呢？而且怎能肯定当时的周期性和现在的相同呢？因为这种现象的起因我们并不清楚，不能想当然地将其外推演绎，认为在远古时代就存在这种现象[2]。

　　兰皮诺认为，一对坚硬沉积层与松软沉积层代表 2.3 万

[1] 兰皮诺先生为美国航空航天局工作，所以即使他提出外星人导致危机的假设，我们也不会感到奇怪。

[2] 2004 年宇航员 J. 拉斯卡（J. Laskar）说道："在这段时间之外（自今到 6500 万年前），轨道的混乱演变阻止了地球精确运动的精确决定。"请看《长期对地球日照量的数字方法》（*A Long- term Numerical Solution for the Insolation Quantities of the Earth*），《天文学与天体物理学》（*Astronomy & Astrophysics*），428，n°1，261–285 页。

年，只有松软沉积层（黏土）符合古生代 - 中生代时期，也就是说 2.3 万年的一半时间，即大约 1 万年。他认为这表明这种现象出现得很迅速，因此支持自己所提的陨石撞击假设。不过，兰皮诺的假设里存在一个重大缺陷：他的出发点是一切发生得迅速而剧烈，所以想测算沉积层代表的时间。即使那段时间真的是 1 万年，但是没有任何证据表明所有物种的灭绝在这 1 万年间发生。更奇怪的是，除了上述质疑之外，支撑其假设的证据实在太少，而所谓撞击地球的陨石始终没有发现。更让人吃惊的是，据兰皮诺计算，白垩纪 - 第三纪时撞击地球的陨石直径在 10 千米，而这颗在二叠纪 - 三叠纪之间撞击地球的陨石直径应该在 15 千米。一颗如此大的陨石应该会留下直接痕迹，比如陨石坑；还可能留下间接痕迹，比如撞击后产生的石英。俄勒冈州的古植物学家格雷戈里·雷塔莱克（Gregory Retallack）表示在南极洲发现了石英，但是如此巨大的陨石撞击后产生的石英数量不应该如此之少。

伦敦大学地质学家艾德里安·琼斯（Adrian Jones）提出了一条令人震惊的论据：这种大小的陨石动能极大，会让地面土层跃起，落下后填充陨石坑，而且在撞击后温度飙升，地下的岩浆上升会填满一部分陨石坑，所以看不到明显的陨石坑。这就是巨大陨石坠落的证据，陨石越大，我们就越看不到痕迹。验证完毕！

通过上文可以看出，科学家有时候戴着"有色眼镜"观察外界，其理论中充满了偏见。

恐龙登场（2亿年前）

下面谈到的这场灭绝一定是五次大危机中最不出名的一次，而且很难被确切定义，这也解释了为什么人们对这次危机了解不多。在陆地上物种的灭绝延续了1700万年，这次危机并没有突然爆发，那么称其为"危机"是否恰当呢？无论如何，动物和植物都遭到了严重破坏，因为陆地的四足动物遭受重大打击，兽孔目爬行动物遭受的灾难尤其突出，它们被恐龙（恐龙在下次危机中遭受灭顶之灾）所代替。植物也发生了巨大变化：在北欧，95%的裸子植物消失，蕨类植物蓬勃生长。海洋中的危机程度稍微轻一些，23%的科，47%的属，75%的种灭绝。在多种因素共同作用下，导致这次生物多样性的巨大改变。

人们发现了几个外星陨石撞击地球留下的陨石坑：在加拿大马尼夸根（Manicouagan）直径70千米的陨石坑、法国罗什舒阿尔（Rochechouart）直径20多千米的陨石坑、乌克兰奥伯伦（Obolon）直径17千米的陨石坑，还有两个陨石坑分别在美国红翼（Red Wing）和加拿大圣马丁（Saint-Martin）。据说这五次撞击都是来自同一块天外陨石，这块陨石分裂成了五块，如同骤雨般击中地球，两块陨石之间撞击的间隔不过几个小时，当时从地理上看来，出现的陨石坑大致在一条线上。即便使用最先进的分析技术，仍然不能准确地推定撞击的时间点，最近的一系列研究表明撞击大概发生在 2 亿年前，也就是三叠纪和侏罗纪（Trias-Jurassique）的时间交界点。[①]给出最新研究数据的科学家表示陨石应该落在沿海地区，甚至落入浅海，导致出现巨型海啸，距离 700 千米至 1300 千米的地方发现了这些海啸的痕迹。尽管如此，科学家并不认为这是导致这次生物灭绝的主要原因，所以把陨石假设排除在外。

除了陨石之外，导致危机的其他候选因素是什么呢？火山活动？在三叠纪末期、侏罗纪初期，有迹象显示，大陆板块即将裂开，大西洋将要出现。在当今大西洋沿岸的地带出现频繁的火山活动。在西欧（西班牙南部大西洋沿岸的比利牛斯山）、美国东海岸［纽瓦克盆地（Newark）］、加拿大东海岸、非洲西部（摩洛哥、毛里塔尼亚、利比里亚）、拉丁美洲东北（圭亚那、巴西），这些地方一起组成了"大西洋中部岩

---

① M. 史密德（M. Schmieder）、P. 兰拜尔（P. Lambert）、E. 班彻尔（E. Buchner）（2009 年），《豪史瓦尔导致三叠纪海啸终结？》（ *Did the Rochechouart Impact Trigger an end- Triassic Tsunami ?* ），第 72 届陨石研究年会，5140 页。M. 史密德（M. Schmieder）等人（2010 年），《瑞提阶 40Ar/39Ar 年代对于豪史瓦尔的影响结构以及最新三叠纪沉积记录》（ *A Rhaetian 40Ar/39Ar age for the Rochechouart Impact Structure and Implications for the Latest Triassic Sedimentary Record* ），《陨石雨行星科学》（ *Meteoritics & Planetary Science* ），1-18 页。

浆区",覆盖了 700 万平方千米的面积,大约相当于欧洲(不计欧俄部分)的面积,岩浆体积大约在 200 万立方千米。这片区域可能是已知玄武岩区域中最大的一块。根据时间测定,岩浆涌出的时间在三叠纪 - 侏罗纪交界处之前大约 100 万到 200 万年,与气候变化的时间同步,所以人们认为火山活动是导致这次危机的"元凶"。火山活动与危机是凑巧同时发生,还是的确存在因果关系呢?现在仍然不得而知。

恐龙谢幕(6500 万年前)

在白垩纪 - 第三纪之间(6500 万年前)发生的物种灭绝危机得到媒体广泛报道,人们通常把这次危机与陨石撞击地球、强壮的恐龙灭绝联系起来,这两大事件给人无限遐想的空间。尽管这次危机最为著名,但是实际上这次危机并不重要,从陆地生物和海洋生物的物种灭绝角度看,它甚至是五次危机中规模最小的一次。尽管如此,6500 万年前的确发生过一次重大事件改变了生物多样性,生物界的那次改变成了地质年代的断代标志:从中生代进入新生代。菊石、海洋和陆地庞大的爬行动物以及其他一些物种灭绝,为小型哺乳动物走上历史舞台让路,从此之后哺乳动物种类演化得越来越丰富、体型开始增大,变得繁荣昌盛起来。部分哺乳动物开始用两条腿走路,很长时间之后(从地质年代看来人类的兴起非常晚),这些动物其中一小部分学会打造工具、绘画、著书，如果大块头的爬行动物仍然存活在世界上，如果它们有能力进化，种类变得更加丰富，继续对地球长达4000万年的统治的话，我们人类今天恐怕不会出现。曾经的世界由菊石、大型爬行动物统治，当今的世界由哺乳动物、鱼类统治世界，更加自恋一点说，由人类统治。在地质时间尺度上观察[1]，两个世界的转变非常迅速，甚至可以说经由一场瞬时的剧烈灾难完成了这次转变。

白垩纪-第三纪灭绝事件长久以来不但得到科学界的重点关注，而且在科普领域也具备极高的人气。根据普查，在1996年已经有超过3000篇相关的文章和书籍出版，相关的衍生产品促进了这一事件得以在媒体上广泛曝光：给儿童和成人阅读的书籍、电影、玩具、绘画、钢笔、领带、T恤衫、袜子等，在互联网的搜索引擎上输入"白垩纪危机""恐龙灭绝"之类的关键词，你会在一秒之内得到数以百万计的搜索结果，甚至存在"恐龙产品专卖"的商店。各种商业平台都抓住这个商机兜售产品，并没觉得自己与这次生物灭绝事件

---

[1] 尽管如此，在2007年出版的文章里，比宁达-艾德蒙（Bininda-Emonds）与合作作者（《现代哺乳动物迟来的崛起》（*The Delayed Rise of Present-day Mammals*）指出，最年轻、种类最多的哺乳动物、有胎盘的动物其实比人们认为的要古老，或许能够一直回溯到9300万年前。让人吃惊的是这个时间点与最近研究的生物多样性曲线的拐点重合。当然，注意不要轻易做出结论。

178 有多大关系，因为他们的目的是销售梦想和感情。这种事实与情感之间的距离在法国汝拉省（Jura）奥尔南市（Ornans）附近表现得淋漓尽致，在那里有一个恐龙乐园（Dino Zoo）。游乐园的网站上打出标语，承诺人们能够"深入史前世界与恐龙做伴"。这句话轻松地把几千万年前与几万年前的事件混为一谈，言下之意似乎指史前世界的人类与恐龙处在同一时代。这种混淆事实的宣传手段不利于人们了解地球漫长的历史，而只有清楚了解了地球的历史才能明白生物的演化过程。

并非所有的生物都以同样的方式度过白垩纪 - 第三纪那个过渡时代的。尽管对白垩纪末期发生的时间已经存在各种假设，但是在书中我们仍然要对地球在那个时代给人类留下的证据作总结和盘点。和以前一样，情况仍然十分复杂。在海洋中，我们得知 15% 的科，45% 的属，76% 的种灭绝了。在恐龙生活的陆地上，并没有观察到生物出现普遍灭绝的现象，大约仅仅 6% 的科灭绝。当然，白垩纪 - 第三纪灭绝事件因为恐龙的消失而声名大噪。不过，在这次危机前的 1000 万年间，已经有 40% 的恐龙消失。在危机发生时，只有十几科恐龙存在。这个数字看起来并不少，但是请注意，这些科下的恐龙属也只有寥寥几个，它们只是恐龙彻底灭绝前的幸存者而已。灾难瞬时发生，这种说法是不是过分夸张？不管怎么说，最近几年的研究证明这次危机的特殊性，强调这次"危机"的影响，从中能联想到什么呢？

经过这次危机之后，再也看不到大型爬行动物的身影了。不过在 2001 年，然后在 2009 年，一个科研团队表示在白垩纪 - 第三纪交界时代后 100 万年的地层发现了鸭嘴龙的遗迹。发现的地点在科罗拉多和新墨西哥州附近圣胡安盆地（San Juan）[①] 的岩层中，也就是说距离希克苏鲁伯不远，而希克苏鲁伯就是导致这次危机的陨石撞击点，还有其他物种在白垩纪末期之前几百万年就已经灭绝，某种程度上预见了危机的发生。难道它们预知会有陨石撞击地球灭绝生物，导致心脏病发作而死去了吗？

在白垩纪第二阶段，在 1.1 亿年前到 8400 万年前，然后在 8000 万年前到 6500 万年前，菊石和箭石（这是一种类似乌贼的头足纲软体动物）种类的丰富程度减少。这些动物曾经遍布整个海洋的各个纬度地区，在白垩纪末期之前就已经接近灭绝，而菊石在白垩纪 - 第三纪大灭绝事件之前 10 万年就已经接近绝迹了。这次大灭绝事件以菊石消亡而著称，但是船菊石科（Scaphitidae）与杆菊石科（Baculitidae）分别有极少量的代表生物在白垩纪 - 第三纪大灭绝事件之后在丹麦、美国新泽西地区存活。其他种群的生物，比如苔藓虫、

---

① 在圣胡安盆地（科罗拉多州和新墨西哥州）的第三纪岩层中发现了一只鸭嘴龙的 30 块化石，通过古孢粉学和古地磁学数据确定年代，根据同位素数据验证，年代测算准确无误。

放射虫（radiolaires）（富含硅质的微型浮游生物）都成功度过这次危机，数量没有减少。鲨鱼、鳄鱼、两栖动物、鸟类、淡水鱼类也都毫发无伤。正如古生代与中生代交替时一样，这次危机中出现菌类大爆发，接下来是蕨类植物的异常繁盛。在陆地上，植物，尤其是开花植物（被子植物）在白垩纪繁荣生长，在白垩纪 - 第三纪交替时代原本数量巨大的花粉植物减少，尽管如此各种不同科的植物并没有在此时出现大规模灭绝。对白垩纪末期到第三纪初期演化的爬行动物生物多样性研究证明，爬行动物种类正在逐渐走向灭亡，很多持有爬行动物同时突然消失观点的人似乎忘记了这个事实。第一波生物灭绝高潮发生在白垩纪 - 第三纪大灭绝事件前 800 万年。其中灭绝的生物有龟科动物、大蜥蜴科动物（Mosasaurideae）、会飞的爬行科动物、最后的鱼龙和蛇颈龙。而在这次危机发生之前，也就是在白垩纪结束的前 300 万年和前 500 万年时，相继有两次接连发生的物种灭绝浪潮。在对已有的众多数据迅速盘点一番之后，我们认为应该当心，不要把整个事件过分简单化。英国古生物学家迈科尔·班顿（Michael Benton）提出这样具有讽刺性的问题："300 万年中有 15 种恐龙灭绝，这算得上灾难性的生物灭绝吗？"根据白垩纪末期各种生物多样性事件看，当时的物种灭绝事件恐怕并没有那么严重。

另外，有些因素参与了所有的生物灭绝事件，导致要弄清楚这次灭绝事件的难度更大。仔细研究如同档案一般的化石，可以发现有些物种灭绝后另一些物种随后诞生。这些旧物种死亡，新物种诞生之间交替的界线非常模糊，之所以出现这种情况，有若干个原因，其中最明显的原因在前文中已经提到过，一个物种灭绝通常不是源于一场恐怖的流行病，而是能够成功产生后代的个体减少，这种情况不会在短时间内显现出来。正在消失的物种其个体数量会变得越来越少，最终变得难以被发现。一旦到达了某一个临界值，我们会提出这样的问题：这个物种的个体是否已经完全消失，还是说个体数量少到几乎找不到呢？所以，人们常常会预计个体数量消失①的日期。同样，人们也非常难以给出某个物种出现的确切时间，而且总是容易认为一个物种比实际更加年轻。其次，由于陨石的撞击沉积的底层会混杂在一起，尤其在墨西哥尤卡坦半岛（Yucatan）的希克苏鲁伯（Chicxulub）陨石坑这种情况十分明显。所以很难确定谁在陨石撞击前出现，谁在陨石撞击后出现。

白垩纪 - 第三纪灭绝事件是所有危机的代表，至少在媒体层面或者在知识传播层面上，这次危机成了最完美的典型。其特殊地位尽管或多或少被其他议题援用，但仍然具备众多

---

① 生物学家对这种现象非常熟悉，这种现象被称作西诺尔 - 利普斯现象（Effet Signor- Lipps）。

科研解释。怎样诠释这些数据呢？我们在这里介绍几种最著名的假设。

地球之火

在白垩纪 - 第三纪大灭绝事件的时候，出现火山喷发，出现巨量的熔岩形成大型玄武岩地区，很像曾经的两次危机——古生代末期或者三叠纪末期出现的情况。可以在印度的德干高原看到这种地形，德干高原处在留尼汪（Réunion）岛福尔奈斯火山（le piton de la Fournaise）热点的北方。德干高原覆盖 50 万平方千米的面积，厚度在部分地区达到 2500 米，估计最初其表面积有 1500 万 ~2500 万平方千米，体积达到 300 万立方千米（相当于整个法国国土覆盖了一层 7200 米厚度的玄武岩）。岩浆主要在 6560 万年前（30 万年左右的误差），即白垩纪 - 第三纪交界的时候涌出，岩浆喷涌持续了100 万年到 200 万年。在岩浆喷涌的同时还向大气喷射总量惊人的灰尘、数万亿吨的二氧化碳[1]、二氧化硫、水，这些物质影响了气候，其机制和古生代末期危机[2]一样。开始，硫酸盐

---

[1] 估计数值在 $6 \sim 20.10^{12}$ 吨碳之间（7.10^{13} 吨 CO_2）。

[2] 估计每隔 10 万年，每次喷发都会喷出 10^{12} 吨的硫酸盐。做个比较：（墨西哥）希克苏鲁伯陨石撞击地球仅有一次，带来的硫酸盐是喷发释放硫酸盐的十分之一。

气雾剂与灰尘遮蔽天空，导致地球表面平均气温下降，于是植物的光合作用减弱，而光合作用对于很多生物来说是食物链中关键的一环。接下来由于含碳气体的大量出现气温大幅度升高，这些生物最终死亡。再晚一些，潮湿温暖的气候促进岩浆迅速发生质变，这种变化消耗二氧化碳，于是由于火山爆发进入大气的二氧化碳被吸收。这一进程在几百万年时间段里发生，大自然"修复"了导致地球气温升高的二氧化碳导致的恶果。最终，经过火山爆发、岩浆变质反应后，大气中二氧化碳含量要比火山爆发前的含量还要低。在火山爆发期间，地幔深处富含铱的物质被抛射出来，进入大气，然后落在地球表面。这种理论或许不能解释在沉积岩中的全部铱从何而来，但是最近的研究结果[1]表明，铱并不像人们原来想象得那样无法熔解。通过该研究成果推论，在不渗水的薄薄地层上，铱可能出现二次堆积，铱的沉积可能不像以前科学家们认为的那样如此迅速。

显然，白垩纪 - 第三纪生物灭绝事件与德干高原之间通

---

[1] F. J. 马丁 - 佰纳多（F. J. Martin- Peinado）、F. J. 罗德里格斯 - 多瓦尔（F. J. Rodriguez- Tovar）（2010 年），《铱在地球环境中的活动性：对于大灭绝的诠释作用》（*Mobility of Iridium in Terrestrial Environments:Implications for the Interpretation of Impact- related Mass- extinctions*），《地球化学与空间化学行为》（*Geochemica et Cosmochimica Acta*），74，4531-4542 页。

184 过气候联系起来。这些火山活动的规模极大，目前没有任何火山活动能够与之匹敌，那些火山活动导致环境变化，因此白垩纪末期出现生物灭绝。在陆地上，生命活动发生了深刻变化，生态系统出现了剧烈动荡，海洋中发生了类似的情况。尽管如此，陆地上若干种生物幸免于难。

海洋中，人们往往会忽视一个参量，因为这个参量不像核导弹导致大型爬行动物死亡一样惊天动地，但是它毁灭能力强大，从食物链底部发挥作用。岩浆喷出以后，海水酸化，海洋生物在新陈代谢过程中吸收碳，于是海洋生物开始对酸化的海水产生反应，尤其是海洋生物的幼体反应更加明显。有孔虫类是最先受害者。微型海藻钙板金藻（Coccolithophoridae）对于环境的改变更加耐受，尤其是在变酸的环境中依然耐受。在所有的钙板金藻（Coccolithophoridae）中，个头最小、没有太多装饰的种类更"强健"，可以更长时间地对抗环境改变（在当今存在的种类中依然可以观察到）。这些藻类是第三纪最早开始重新蓬勃生长的生物。含硅的浮游生物（放射虫、硅藻）与碳循环关联不密切，能够更轻松地度过危机。对于放射虫来说，这种现象尤其明显，在危机过后[1]放射虫的分布范围更加广泛：在一些生物灭绝后空出生

---

① 在古生代 - 三叠纪和白垩纪 - 第三纪两次危机过后都出现了放射虫分布范围变得广泛的情况。

态资源后，放射虫似乎从中大大受益。

海洋促成危机发生

白垩纪末期，全球海平面下降，导致气候更加偏向于大陆性气候（季节对比明显）。海平面下降的现象同样有利于大规模火山爆发，出现岩浆浇筑的高原。因为海平面变化、海洋地壳活动造成洋脊形成速度加快、全球火山活动都是同一种现象导致的结果：地幔活动的变化。

小结

若干现象出现在这次危机中：中美洲的陨石撞击（希克苏鲁伯陨石坑）、大规模火山活动（德干高原）、海平面下降。真正需要研究的是这些现象分别在危机中扮演了什么角色。这个问题虽然值得探讨，但是很可能根本找不出答案，火山活动与陨石坠落仿佛相互影响，通过相同的方式对生物多样性产生影响，即通过气候对生物多样性产生影响。有人认为陨石撞击是导致危机的唯一原因，并且宣传假设数量越少越可信的原则，并且有四十多名科研人员联署希望凭借联署者的数量让科学界接受这种说法[①]，但是大多数人仍然认为危机是多种因素结合起来产生放大后的结果，这要比每个因素单独出现简单叠加的后果更加严重。各种因素彼此结合导致大规模物种灭绝。

可怜的恐龙究竟经历了什么？

恐龙灭绝激发了人们的各种想象，很多人对这个话题非常感兴趣，每个人都在其中加入了自己的看法。各种原因都有人提及，最夸张的甚至认为是外星人介入的结果！在提出的十几个假说中，有一些反映出人类想象力有多么丰富，有些假设完全是没有根据的猜测，甚至纯粹为了引起话题而提出，这些假设完全属于脑力游戏，而不是基于事实提出的科学推论。举几例子请读者感受某些假说有多么荒诞：有人认为恐龙身材庞大，恐龙生蛋时蛋从空中掉落在地上会被砸碎；有些人认为长达一米的恐龙蛋蛋壳太厚，小恐龙出壳时没办

[①] 四十几位科学家联名出版的文章很能说服人，但是让人吃惊的是他们把火山假说排除在外，而且认为这种假说没有道理。除了大多数不是事实，数字没有道理之外，我们看不出为什么采用陨石假说就要排除火山假说。出于科学态度，这种做法真的令人吃惊，不考虑到所有可能的因素是一种学院派行为。P. 沙尔特（P. Schulte），《希克苏鲁伯陨石影响以及白垩纪 - 第三纪之交的物种大灭绝》（ *The Chicxulub Asteroid Impact and Mass Extinction at the Cretaceous-Paleogene Boundary* ），《科学》（ *Science* ），327，1214–1218 页。

法打碎蛋壳；还有一个令人印象深刻的假说认为恐龙身躯过大，神经传导速度耗时太久，所以当掠食者攻击恐龙、撕咬恐龙的时候，受害者的大脑来不及接收被撕咬产生的信号，于是在反应不及之际就被吃掉了！还有人说恐龙灭亡的原因是精神错乱、艾滋病、关节炎、白内障、消化不良、自杀倾向等，各种假说要比歌曲《我不是个健康》（*Je ne suis pas bien portant*）的歌词更加夸张。史蒂芬·杰伊·古尔德（Stephen Jay Gould）表示，有些假说没有办法验证，有些假说没有坚实的科学依据。这些假说之所以存在是因为它们满足了现代社会对恐龙灭绝产生的无聊兴趣，这些理论如同歌手赛日·甘斯布（Serge Gainsbourg）的歌曲风格，完全可以拟题概括为"天空、性和毒品"。

请注意，在继续列举各种奇思异想的假设之前，必须指出一点：科学的特点是其研究方法，而不是假说本身。科学需要无可辩驳的数据，也就是说这些数据可以接受检验，当然检验后也可能摒弃这些数据，这意味着要找到另一种解释。对于这场久负盛名的危机，同样存在各种科学假说。有些假说从科学的前提出发，貌似和前文提到的胡思乱想有几分相似，但是保持了其科学性，当然这些假说仍然属于猜测范畴，没有任何可以检验的证据。这些假说中有些认为恐龙的繁殖出现问题，当然不能说这种假说错误，因为毕竟没有办法验证，所以这种假说无法让研究更进一步。说清了这一点之后，下文中我们要看到一些在生物学层面上各具特点的假说。尽管这些假说表面上看来似乎不够严肃，但是在对恐龙灭绝研究方面仍然不失科学的严谨。

恐龙卵

通过对当今爬行动物的研究可以发现，冷血动物的活动与周围温度息息相关，它们依赖周围环境。环境温度影响爬行动物卵的发育，不仅关系到出壳速度，还决定了幼体的性别。比如，鳄鱼卵孵化时，如果温度低于一定数值，出生的是雄性鳄鱼，如果高于一定数值，出生的是雌性鳄鱼。如果环境湿度不够，卵可能会死亡。同样，在白垩纪末期的气候变化可能导致恐龙在卵孵化过程中出现大规模异常。但是这只是一种假设，因为无法实验，没有任何方式可以进行验证。

睾丸

睾丸只有在严格的温度范围内才能行使功能，这也是为什么很多哺乳动物的睾丸生在阴囊中却悬挂在体外，因为如果睾丸生在体内，那么温度过高，会导致睾丸活动休眠（抑制生成精子）。在白垩纪末期经过了一次短暂的气温下降以后，全球出现了温度大幅升高。"冷血"的爬行动物体温也随之升高，它们的睾丸因此停止活动。雄性恐龙的不育可能导致整个物种的灭绝。这个假说的理论依据是 19 世纪 40 年代对鳄鱼做的实验。假说的前提完全出自科学研究，只不过假说本身纯属猜测，现在连一颗恐龙的睾丸也不存在于世，没有办法进行验证。对于恐龙来说最合适的气温是多少？在什么温度下恐龙的睾丸停止活动？有些科学家对于恐龙是不是温血动物，自身能否调节体温都不能确定。这是一个简单的假说，但没有实际意义，只是智力游戏而已。自从 19 世纪中叶这种理论被提出以后，该理论没有一丝一毫的进展，从中也没有衍生出任何科学研究。

开花植物毒素积累

能开花的植物（被子植物）在大约 1.4 亿年前出现，当时恐龙是地球上的霸主，然后在 1 亿年前出现了植物种类大分化，某些植物开始没落（球果植物、苏铁目植物、桫椤目植物），而这些植物是食草恐龙的主要食物来源。一些被子植物含有作用于精神的物质（芳香生物碱）。当今的哺乳动物不食用这些植物，因为它们不喜欢这些植物苦涩的味道。假设恐龙无法品尝到这些植物的苦味，而且肝脏没有解毒的能力，于是由于进食这些植物后毒素积累导致死亡。这个假说的最后部分属于猜测，当然假说本身无法验证：恐龙能不能分辨苦味？它们的肝脏能否清除毒素？任何研究工作都没办法验证或者否定这个假说。另外，有些因素和这种假说存在矛盾。

最明显的是被子植物在大型爬行动物①消失之前已经在地球上存在了几千万年。

恐龙大规模流行病

有人认为毒性极强的变异病毒导致流行病盛行，导致恐龙灭绝。我们无法验证假说中提出杀死恐龙的病毒或者细菌，因此这种假说的可能性很可疑，因为恐龙种类丰富，很难想象一种致病微生物导致所有恐龙灭绝。最近占据报纸头条、拥有血凝素神经氨酸酶的病毒（H1N1、H5N1）能够杀死不同种类的动物，或许杀死恐龙的病毒与之类似。另外，我们不知道这种微生物是否也攻击海洋中的生物。即使流行病杀死了一部分恐龙，总会有一些个体由于基因等原因存活。存活下来的个体可以让恐龙恢复繁荣。可是没有更好的解释，没有任何可以检验的证据。

基因绝境

很多假说认为恐龙不能演化适应环境；恐龙经过了自己的辉煌时刻，走进了进化的死胡同。从进化的观点看，所有恐龙都变得"太老"。这种"衰老"的迹象表现在恐龙身材

---

① 我们可以怀疑在危机前已经开始消失的恐龙是否因为这个原因灭绝，这种假说算不上科学研究，但终究非常有趣。

过分高大，存在各种反常的解剖结构（角龙科的角、骨质项盾——包括著名的三角龙、鸭嘴龙头上的冠子，等等）。恐龙没有能力适应周围环境的变化，注定走入基因绝境。它们庞大的身躯可能是荷尔蒙紊乱的结果，它们生出的卵可能畸形（蛋壳太厚或者太薄）让胚胎不能发育。这种假设给予可信的真实元素，但是假设本身无法验证，算不上科学的假设。

相反，带有可辩驳数据的假设属于科学，这样的假设会带来进步，机会带来限制，也会有可以验证的数据。能够为前文提供的整体原因（火山活动、陨石撞击）带来新的因素。在所有生物原因中，很多提到了竞争与获得资源的问题。

与哺乳动物的竞争

哺乳动物和恐龙从侏罗纪初期（1.3亿年前）就共存于地球之上，体型小得多的哺乳动物通过掠食恐龙蛋等方式，到了白垩纪末期可能最终让恐龙走向灭亡。这场物种间的竞争符合传统达尔文理论的原则，现在人们知道很多类似的情况发生。在中生代生活的哺乳动物数量更多、更加灵活，有些哺乳动物昼伏夜出，可以在洞穴中躲藏，能够冬眠。在白垩纪末期恐龙遭受气候剧烈变化困扰的时候，哺乳动物最后终结了恐龙的统治。但是目前还没有古生态学的分析提供捕食痕迹等证据，所以这种科学假说真实性究竟如何，还有待验证。

植被变化

这种假说中，沼泽区域减少，随之而来的是适合大型食草动物的植被减少。相应地，森林地区变大，而森林并不适合大型动物生活。对孢粉的分析能够测试这样的假设，可以提供更多的证据证明大型食草动物消失，随之而来的是大型食肉动物绝迹，同时鸟类祖先等身材较小的动物顺利度过了这段时间。

各种假说往往都犯了同样一个错误：仅仅考虑恐龙的灭绝，但是我们不应该把恐龙灭绝与生态系统其他因素的衰落割裂开来。另外，人们常常说"恐龙时代的结束"而不说"大型爬行动物时代的结束"，这两种说法的意义并不完全一致。因为恐龙包括兽足亚目动物，其中包括暴龙和当今鸟类的祖先。翼龙（空中飞行的恐龙）、蛇颈龙、海中的沧龙科动物在中生代末期灭绝，而它们并不算恐龙。不论如何，白垩纪-第三纪生物灭绝事件无可争议地属于生物历史上的重大事件，其广为人知的事实不仅由于科学的重要性，还在于恐龙这种巨型生物消失带来的震撼。

小型危机（1.83亿年前）

我们已经共同回溯了五次大型危机，但是在历史过程中还存在众多相对较小的危机或多或少地威胁到生物多样性。

在距今 1.83 亿年前侏罗纪初期的托尔阶（Toarcian）发生过一系列危机，下面对相对严重的前十名整体做一下简单描述。当时，地球上的盘古大陆正在开始分裂——盘古大陆是当时地球上唯一的一块大陆，盘古大陆要为二叠纪发生的危机承担部分责任。海岸附近的海底平台正在扩张，大陆正在分裂，理论上来说整体环境有利于生物蓬勃发展，有利于生物多样性增加。

然而，根据沉积学、同位素学、古生物学的研究，当时在危机发生前天气变得寒冷，然后在托尔阶早期气温急剧升高，其后迅速改变。气温升高的原因是火山活动，这些火山活动催生了南非半荒漠地区（Karoo），同时还有甲烷水合物释放甲烷气体。没有任何好事发生：无论危机大小，我们都能找到同样的原因。除了气候原因之外，加上由于天气变热、海洋中氧气缺乏，导致海洋的洋流循环减慢，海底缺氧，所以海洋生物是受灾最严重的群体：菊石、箭石、腹足纲动物、双壳软体动物等都被波及。海洋生物共有6%的科，26%的属，35%的种受害，尽管和五次大危机比损失不够严重，但是这些数字仍然触目惊心。托尔阶危机由五个阶段组成，五个阶段彼此邻近又泾渭分明，每个阶段都有各自的动力。从这个角度上看，这次危机代表了生物多样性历史上的一段艰难复杂的时刻，同时也成为危机的范例，帮助人们分析如何出现一发不可收拾的恶性灾难。

第六次危机是否作为终结？（距今 0 百万年）

从古至今，新的物种诞生然后消失，最终彻底灭绝。不论单细胞生物还是多细胞生物，不论大小，不论海洋生物还是陆地生物……全部生物都是如此，这是普遍规律，我们可以计算各物种的平均寿命。一般来说一个物种的平均寿命在一百万～一千万年之间。不同种类之间、同一物种不同亚种之间的寿命区别很大。有些物种寿命很短，比如菊石在侏罗纪生存了 10 万年，一些浮游生物（放射虫）在第三纪存活了50 万年。

有些物种寿命很长，说到这里我们一定会想起被称作"活化石"的生物，比如动物中的腔棘鱼、植物中的银杏树。但是这些生物的"长寿"往往只是传说而非事实。今天，我们在海底深处发现了两种腔棘鱼，这两种腔棘鱼仅仅在 3000 万年前开始演化成了两个不同类别（这些种类可能比较年轻，它们在岔路口上开始分别演化）。银杏树也被称作"活化石"，中国东北的僧人保留这种植物使其免遭灭绝。有时我们会从资料上读到这种植物已经存活了超过两亿年！这种错误信息成了未掌握正确信息的创造论拥护者的论据。的确，银杏树这种美丽的树木在外形上没有太多变化，它们的演化非常缓慢，不过依然进化成了十几个不同的种类。距离现在最近的银杏化石并不属于现在的银杏种类（Ginkgo Biloba），但这种银杏仍然比较年轻，它开始出现在第四纪初期，距今仅有 260 万年。

在公共演讲上我们谈到物种寿命的问题时，常常有人提出一个问题：如果所有物种都将最终灭绝，那么人类是否也要走向相同的命运？在这里确认一下唯一的答案：是的，人类很可能最终灭亡。这个答案会让听众一阵脊背发凉。有人会立刻提问：什么时候？有时候我们忍不住要享受一下恶趣味，给出的回答让听众感觉如同在寒风中被浇上一盆冷水。既然一个物种的平均寿命大约是 500 万年，那么人类这个物种的寿命有几种可能性：1974 年伊文·柯本斯（Yves Coppens）团队在埃塞俄比亚发现了 320 万年前南方古猿露西（Lucy）的化石，如果认为露西（Lucy）是人类的祖先，那么大约还有两百万年的好日子在等着我们。2000 年瑞吉特·森努特（Brigitte Senut）的团队在肯尼亚发现了图根原人（Orrorin）的化石，如果我们把图根原人（Orrorin）当作祖先，那么人类已经来日无多，因为图根原人（Orrorin）大约生活在 600 万年前。2002 年米歇尔·布鲁耐（Michel Brunet）的团队在乍得发现了乍得沙赫人"图迈"（Toumai）的化石，如果我们把"图迈"（Toumai）当成祖先，那么人类已经在苟延残喘，因为"图迈"（Toumai）化石的生存年代距今大约 700 万年。的确，人们起初听到这些话语的确微微有些震惊，但是物种的平均寿命仅仅是"平均寿命"而已，我们没有办法预知未来。而且我们还有把"人类"这个概念过分外延的倾向，有些我们所谓的"祖先"根本不属于人类。所以严格来说这种推理方法并不正确，因为人类的祖先属于另外的物种。严格来说，我们真正的祖先是智人（Homo Sapiens），属于很新的物种，历史仅仅有 20 万年。这样的观点能够让听众放下心来，心情愉快。我们发现，当涉及人类的话题时，心理因素总会占到很重要的地位，科学的严谨性往往被忽视，所以请保持警惕。

得知从生物学角度上看人类仍然是个年轻的物种，我们不禁长舒了一口气。接下来的问题是人类的未来是什么，是成功的故事还是失败的命运？因为仅仅年轻还不够，还需要有光明的未来。生物演化的过程是某一生物的不同种类逐渐占据越来越多的生态区位（niche écologique）①，从我们的老祖先南方古猿开始，人类的演化正体现了这一过程：人类在 500 万年前诞生于非洲，逐渐占据非洲后向欧洲进发（250 万年前），然后到达中国（200 万年前）。接下来，出生在非洲的智人（Homo Sapiens）开始了第二波移民大潮，在 4 万年前遍布欧洲和亚洲，然后来到北美洲（大约 2 万年前）、南美洲（大约 1.5 万年前）。随着时间的流逝，人类遍布地球各处，

---

① 生态区位指的是一个物种生活所需的环境以及自身生活习性的统称。

沙漠、荒原、寒带、热带、森林、草原……今天，现代人能够在地球各处旅行，可以上天入海，甚至在太空遨游。人类在地球表面的扩张，同时伴随着人口总量的剧增，今天的人类总数超过70亿，三十几年后地球人口总量可能达到90亿至100亿。我们是不是打开了潘多拉魔盒？人类的创新（科技发展、经济和金融运转）已经部分失去控制，脱离了"人类系统"[①]的管控能力。

人类种族的数量、人类的霸权地位，是生物历史上前所未有的情况，这一切是否会导致人类灭亡？很有可能，或者是外部原因（自然界气候变化、火山活动、陨石撞击、流行病、各种因素综合作用等），或者是内部原因（全面污染、科技事故、由于人口过剩的战争、由于资源分配不合理引起的战争等）。无论如何，过去的经验告诉我们，人类消失应该是一个漫长的过程，在灭绝前，人类可能给生物多样性带来灾难性破坏。根据最近的研究显示，把过去地质年代生物大规模灭绝和当今生物多样性的情况相比较，以最新的统计为基

[①] 荷兰地球化学家保罗·克鲁岑（Paul Crutzen）、美国生物学家尤金·斯托默（Eugene Stoermer）在2000年提出了这个术语。斯托默使用这个术语已经若干年了，克鲁岑在2002年在科学杂志《自然》（*Nature*）发表的文章《地质学与人类》（*Geology and mankind*）中提出该术语。人类纪元被定义开始于1784年，那一年是瓦特获得了蒸汽机专利证书，正是蒸汽机的出现预示着工业革命的开端。

础，可以得出结论，当今正在发生的生物灭绝率令人担忧，值得关注。[①]这份研究区别于其他的报告，因为它考虑到保存于化石中形成的元素，这部分内容在第 1 篇第 2 章有所涉及，所以也想到了化石数据与最近数据之间的差异。尽管存留了一丝希望，但是这份研究仍然令人不寒而栗。的确，最近 500 年出现的生物灭绝涉及的生物种类数量虽然不少，但是和五次大规模危机相比仍然相差甚远。一切正常，我们应该松一口气吗？未必。因为从灭绝率（物种灭绝数量与一段时间的比率）的角度看，近期的灭绝率远远高于那五次重大危机。那五次大规模危机灭绝的物种数量虽然多，但是灭绝过程发生在人类角度看来非常漫长的岁月里。只要进行一下简单计算就可以知道，300 年间生物多样性的危机要比历史上最大规模的物种灭绝还要严重（即使在计算时使用最乐观的数据仍然如此）。而且危机发生的时间极其短促，人类还处在毁灭之旅的初期，但是人类导致的物种灭绝速度飞快，最终灾难性的结果恐怕要比过去 5.5 亿年发生的危机结果更加严重！在这里引用基尔·博夫（Gilles Boeuf）的一句名言："人类是否知道如何适应人类呢？"

---

① A.D. 巴诺维斯基（A.D. Barnovsky）等人，《地球的第六次生物大灭绝是否已经到来？》（*Has the Earth's Sixth Mass Extinction Already Arrived ?*），《自然》（*Nature*），2011 年 3 月，471，51—57 页。

每个因素都是元凶？

在所有影响生物多样性的因素里，一些因素不足以独自导致危机。但是各个因素在不同程度上起到了作用。两个因素在五次大规模物种灭绝中出现：海平面下降、古大陆地理变化（各个大陆合拢、分离，等等）。氧气缺乏在五次物种大灭绝中的四次都出现。陨石撞击和火山活动可能在每次大灭绝中都出现了，在其中三次大灭绝中肯定出现过（火山活动可能在四次大灭绝中出现过）。宣告末日来临的不是天启四骑士，而是天启五骑士，它们分别是：海平面下降、古大陆地理变化、海洋缺氧、火山活动、陨石撞击。另外，气候改变也是物种灭绝的重要原因。生物界的重大危机是多种因素作用协同的结果。如果一个单独的时间能够产生可以弥补的后果，那么在几十万年的时间里重复发生各种不同事件乃至完全对立的事件，就会在生物多样性方面持续产生影响。

通过生物多样性的角度搜寻大规模物种灭绝的原因催生了众多科学研究和研讨争论。在阿加莎·克里斯蒂（Agatha Christie）的小说《东方快车谋杀案》里，大侦探波罗（Poirot）搜寻在车厢发生的一起谋杀案的罪犯，他观察到死者身体上有多处刀伤。最终发现凶手不止一个，车厢中的每一个人都是凶手，他们每人都刺了一刀。生物多样性的危机通常来说（尽管不是百分之百成立）也是如此，各种现象协同发生，创

200　建了一个复杂系统，其中包括各种作用和反作用、各种不同的作用时间，等等，最终导致严重不平衡的状况。生物多样性的危机，原因往往是各种因素综合作用的结果，其中一个因素尤其显著。当前的危机就是这种情况，气候变化被人们大肆宣扬，其实并没有必要如此大惊小怪。危机背后隐藏了真正的问题，那是我们如何使用自己的生存星球，人类的错误是在资源有限的地球上，把追求无限增长作为神圣不可侵犯的目标。

今天的生物多样性

这颗星球上的资源足以满足所有人的需要，但是无法满足所有人的占有欲。

——甘地（Gandhi）

当今，谈到生物多样性的话题时，人们联想到的总是各种标志性的生物或者典型事件。比如，人类在文艺复兴时代之后发现了毛里求斯岛（Maurice）上的渡渡鸟（Dodo），而这种鸟在此之后不到一个世纪的时间灭绝；还有非洲象的命运、在法国正在消失的熊与狼，这些生物对于我们来说已经融入了集体记忆：儿时怀抱小熊玩具，听着小红帽与大灰狼的故事。成年之后，我们不应该忘记其他生物也在消失（蠕虫、昆虫、细菌，等等），不论这些生物对我们来说有益还是有害，它们的灭绝对生物多样性来说都非常严重。2006 年到

2013 年，蝙蝠的种类减少了57%，1989 年到 2013 年[1]，与广阔天地关系密切的鸟类减少了 21%，形势非常严峻。因为物种数量的减少相当于一整条食物链出现损坏，这种损坏往往是人类大量使用杀虫剂与除草剂的后果[2]。

杀虫剂从本质上来说是一种生态灭绝剂（杀死生命）。对杀虫剂的这种指控似乎得到了证实，根据观察，在法国、英国、荷兰的鸟类数量减少，而限制使用杀虫剂的丹麦则没有这种情况。再举另外一个例子，农业上把在田地里种植多种作物改成种植单一作物，拆除篱笆，同时随着"农业革命"，这一切导致法国的大仓鼠数量锐减，从 1950 年大约 1000 万只减少到今天的大约 400 只。要知道为了某类生物的基因能够存续，这个种类的生物应该保存在 1500 个左右的个体。即使大仓鼠在东欧仍然数量众多，但是在法国，大仓鼠的前途

① 2014 年生物多样性国家观察站（Source: Observatoire national de la biodiversité 2014）。带数字的例子：20 世纪 80 年代：经过清查有 50000 对大鸨（大型农业平原涉禽总目）；2005 年：300 对。鸟类总数生物研究中心（CRBPO），2006 年。

② 法国是使用控制植物病害产品的欧洲第一大消费国，也是世界是第四大消费国。世界前三大消费国是美国、巴西、日本。在 1998 年到 2000 年间，法国每年使用 10 万吨控制植物病害产品；在 2004 年，用量是 7.5 万吨，2007 年用量是 9.96 万吨，2008 年用量是 7.8 万吨［数据来自农药残留观察代表团，该组织隶属于法国食品安全局（Afssa）、法国环境安全局（Afsse）、法国环境学院（Ifen）］。预计采用 2018 植物环保计划（Ecophyto 2018）后，在 2018 年减少一半农药用量。

黯淡。人类使用杀虫剂目的是保护农作物，除掉各种有害生物，但是农药类产品对于整个生态系统有害。因为它们不仅杀死农作物的敌人，还会杀死自然界的猎食者。而且，对于农作物有害的生物会演化出抗药性，于是人类不得不加大使用农药的频率。比如在中美洲种植香蕉需要每周喷洒一次抗真菌农药！而且，在喷洒这种农药的同时，其他"非目标"生物也顺道被清除，有些被清除的生物正是农药目标生物的天敌。蚯蚓能够保护植物对抗根线虫，但是蚯蚓也是杀虫剂首当其冲的受害者。同样，鸟类、蚂蚁能够防止蚜虫、毛虫等各种寄生虫大量繁殖，但是在杀虫剂的作用下都被杀死。植物只能独自面对各种寄生虫，于是人类只能频繁使用各种杀虫剂保证农作物的产量。我们的行为不仅恶化环境，还让原有的问题更加严重。

人类开始衡量过度使用杀虫剂的恶果，以前没遭到侵害的生态系统现在都受到影响。杀虫剂具备生物毒性——杀虫剂存在的意义就是除掉生命，所以杀虫剂能够让生物的免疫能力下降，更加容易遭到外界细菌、病毒的侵袭。当前，由于一种疱疹病毒扩散，牡蛎的死亡率居高不下，海岸附近海水中越来越多的农药含量有利于这种病毒生长蔓延。现在人们正在测试系统应对方式，例如有植物能够释放化学信号使得天敌远离：南非德兰士瓦地区（Transvaal）金合欢树（Acacias）能够在很短时间内把丹宁（tanin）集中在叶片底端，让吃叶子的羚羊感到一股难吃的味道，同时还能够通过释放乙烯类化合物把信息传递给其他植物，通知发生"攻击事件"。这种化合物通过空气流动传播，其他树木便提前聚集丹宁预防危险，仿佛树木之间在进行交流。[①] 同理，一些昆虫为了繁殖会释放化学信号（信息素），把一些经过处理的化学物质应用在植物上，可以干扰雄性与雌性害虫彼此辨识，通过这种方法能够保护植物，阻止害虫繁殖。还有其他更加天然的方法，使用树篱、草地辅助保护农作物。

法国的农业政策尽管能够保证获得惊人的产量，但是付出了破坏环境的代价，我们要为此付出代价。对于农业政策的反思越迟，我们付出的代价就越大。法国海洋开发研究院（Ifremer）证明，在田地里使用的杀虫剂甚至对阿尔卡雄湾（bassin d'Arcachon）的牡蛎产生影响。因为杀虫剂会感染海洋中的微生物（浮游生物），这些微生物是牡蛎的食物。每立方毫米的海水中存在50~100种这样的微生物。一毫升海水（一

①风把传递信息的气体传播给其他树木，羚羊则有在上风处啃食树木的趋势。这种行为体现的是智能，还是植物无意识地自发组织呢？总之，这是适应环境的表现。

滴）里含有最多 10 万个微型海藻、10 万个细菌①、1 亿个病毒，每一滴海水都一模一样，每一滴海水中居然存在如此多的生物！地球上一半的生物量都来自海洋的浮游生物，海洋浮游生物吸收、固定二氧化碳，是这个星球上最大的碳吸储库。真的让人大开眼界！

人们自主提及生物多样性的时候往往是因为感情因素而不是出于理智思考，恐龙是梦境联想的典型，海报上一双水汪汪的大眼睛令人怜惜等。不过，还是不应该把感情和数字混淆起来。我们往往忘记，生物多样性的议题中还包括养殖的动物和种植的作物。这种多样性完全取决于人类的行动，大约 1 万年前人类开始尝试驯化其他生物，最终让人类转向了农业活动。直到 18 世纪和 19 世纪，欧洲才出现了众多人工育种的生物。起初，这种育种仅仅建立在外形基础之上，比如想要高卢鸡的金色羽毛、塞勒牛（Salers）那种形状的犄角、佩尔什马（Percheron）强壮的体魄，后来，随着科技的进步，人们育种的标准越来越精细：繁殖力强、能够抵抗感染，等等。

---

① 通过荧光分子标记 DNA 发现，每一毫升海水中可以存在一百万个细胞，是以前估计数量的一千倍。生物学家 R. 巴尔博（R. Barbault）说："一下子，我们发现海洋里微生物的生物量超过大型生物的生物量。"

于是出现人们严格选择良种的情况，所以在 20 世纪人工养殖生物的种类大幅减少，于是过去若干个世纪逐渐形成的丰富人工养殖生物种类数量逐渐稀少。这种优化选种的做法使得同一种类内部的亚种数量减少。比如在 2010 年，荷兰最常用的一百头荷斯坦牛（Holstein）种公牛里，70% 来自同一个父亲欧曼（O-Man），这头公牛提供了 1017941 份精液！若干年以来，育种专家发现这种做法可能导致基因越来越贫乏，导致物种退化，现在人们意识到了这一点，开始做出努力。即便原来的物种可能没有那么高产，但是可以适应各种不同的环境。所以，在 2007 年 3 月 24 日周六的电视节目《不该囫囵吞枣，应该食用》（Ça s'bouffe pas, ca s'mange）中，让 - 皮埃尔·科夫（Jean-Pierre Coffe）处理各种不同种类的葡萄酒时说："不然的话你们以为我们为什么费这么大力气保存这些老的葡萄品种？这些品种对外界条件要求苛刻，更难以培育。"

一些标志性物种的消失是一种象征，另外，需要注意的是最重要的东西未必最大。生物多样性涉及的首先是微观世界，土地上的微观世界、病原微生物的微观世界、海洋浮游生物的微观世界。当浮游生物死去，它会沉入海底，沉积起来，变成一种泥土，随着时间的流逝这种泥土变硬形成岩石。这些浮游生物的尸体数量极其巨大，是岩石的主要组成部分。如果浮游生物的尸体碳酸化，形成的就是石灰岩；如果浮游生物尸体是硅质的，那么形成的岩石就是玉石或者硅藻土。巴黎大多数的建筑都是用这种肉眼不可见的生物遗体构成。宏伟的巴黎圣母院就是由数以万亿计的微小生物组成。而且还应该关注比微生物更细微的数量级——纳米层级。韦科尔（Vecors）、查尔特勒（Chartreuse）、韦尔东（Verdon）、埃特雷塔（Etretat）等地方的悬崖巍峨巨大，令人惊叹不已，更令人惊叹的是这些雄壮巨大的自然景观是由小不可见、极其微小的组织构成（图13）。总体来说，所有的石灰岩都是由生物构成的！它们是肉眼不可见的生物和生命活动产生的结果。

通过悬崖侧面可以看出，悬崖是由将近100米的白垩沉积形成。构成这些白垩的成分有相对大型的生物（海胆、双壳类生物、海绵），很多微型生物（有孔虫类）

图13　壮观的埃特雷塔（Etretat）悬崖。满是鹅卵石的海滩上有人可以作为比例对照，可见悬崖有多么巨大。

图 14　显微镜下的精巧构造。英国皇家舰艇"挑战者"号（HMS Challenger）航行过程中获得的放射虫，海克尔（Haeckel）1874年绘制。

（Foraminifères），还有大量的纳米级别的生物（钙板金藻类生物）（Coccolithophoridés），可见最重要的事物个头未必最大。

　　想象一下，在侏罗纪（1.5 亿年前）的一个星期六晚上，走出酒吧后有恐龙街头斗殴，打斗非常激烈导致有恐龙死亡。今天还能剩下什么？最多剩下一堆骨头，当然骨头可能很大，但是绝不可能是一座山。组成山峦的不是恐龙的骨头，而是极微小的浮游生物（图 14）。同样的道理，这个自然界的经验告诉我们应该遵守的公德：待机状态的电器耗电量极其微小，但是整个法国所有待机状态的电器消耗的总电量相当于核反应炉产生的电量。微小的浮游生物组成高山，待机状态的电器需要一座核电厂供电。

维克多·雨果（Victor Hugo）在创作《哲学散文》（*Prose philosophique*）的时候，预见性地写道："听，这是海洋深处，无垠海洋始于无限微小。海洋产出有孔虫，分泌纤毛虫。分子与细胞，这两种微小视觉的界限，如此深奥，无法区别动物细胞与植物细胞。如同无限渺小的卡尔佩城（Calpe）和阿比拉城（Abyla），结合了各种漂浮在海洋中的黑暗力量，形成不可感知的生物。这种生物做什么？它在大陆之水下方建造。"

总之，陆地上的生命曾经，且很可能永远被微观世界定义，尤其是细菌与病毒。这些相对简单的生命形式占据绝对优势，具体表现在：1. 存在的时间（它们是最早的生命形式，可能也是最后灭绝的生物）；2. 出色的抵抗力；3. 除了在炽热的岩浆中以外，它们无处不在；4. 它们的类别，因为细菌[真菌（eubactéries）和古菌（archées）]要比多细胞界的生物（棕色藻类、植物、真菌、动物）加起来还要多；5. 它们的用处，因为它们在空气中、在共生状态下参与其他形式生命的活动，包括人类的生命活动。

微型浮游生物放射虫是人们在显微镜下观察的核心内容，它们的大小仅有一毫米的十分之一二，珠宝设计师则从放射虫身上获得设计灵感。

未来的生物多样性

媒体经常提供各种未来几十年生物多样性问题恶化的数字，我们常常听到"不久之后"这类词汇，没有具体时间、没有实际的时间单位，未必能够让人产生紧迫感。这些估计常常指的是某些物种，尤其是植物和动物。在脊椎动物的世界里生物多样性无疑面临危机，但是在微生物的世界生物多样性问题难以评估。微生物从人类的活动中受益还是受害？我们不知道，人类产生的垃圾或者医院过度的消毒，一定促使一些新的细菌种类诞生；过分使用各种农药让土地里的微生物减少。能够肯定的是，人类的活动改变了微生物种类，促使一些新的微生物出现，同时清除了一些微生物，对此我们无法做出明确的总结。虽然很难评估，但细菌与病毒是生物多样性的重要组成部分。

对于众多的无脊椎动物来说，我们对生物多样性问题的研究仍然只限于猜测。生态学家克里斯蒂安·莱维克（Christian Lévêque）曾经写道："人们有时候给出数字为生物多样性减少定性，但是他们使用的方法过于原始，从科学角度讲这样的数字没什么实际意义，所以要谨慎使用这种数字。这样的前提下，笼统地提出'第六次物种灭绝危机'的说法更多的是宣传手段，而不具备科学价值。对于某些物种来说生物多样性受到损害是不争的事实，但是对于另一些物种来说情况未必如此。"[1] 他还详细写道："我们并不清楚大多数物种形成的速度；有些物种的生命周期很短，那么它们的形成速度也会很快。物种形成的进程继续进行，人类的某些行为有利于新的物种出现。媒体上缄口不言的一点是，从人类的角度看一些物种的形成的确需要漫长的时间，但是还有一些物种的形成十分迅速。所以不要武断地以为灭绝波及所有物种。"

古生物学数据和基因学数据证明了一个重要的事实：生物多样性从来没有固定不变过，始终在演变，处在一种动态平衡，在生物多样性的系统中不存在固定的参照。如果没有"固定的参照物"，那么就很难谈起什么是"危机"。当然，从逻辑上看没有理想参照物并不能让人类停止思考与推断，我们拥有大量数据，可以通过交叉、对比、核对提出合理的假设，然后再通过用其他数据对比验证，判断假设的合理性。

严格地说，谈到生物多样性情况恶化，意味着和过去某个时期相比，生物多样性在数量上减少。可是我们怎么知道过去的某个时期生物种类有多少呢？这个"过去的时期"可以回溯到什么时候呢？其实最早的数据只能从文艺复兴时代

---

① 克里斯蒂安·莱维克（Christian Lévêque，2010 年），《生物多样性：关于生物种类的争论》（*Biodiversité : controverses sur la variété du vivan*）。

开始，没有比这个时代更早的可信数据。当时生物多样性的认识很片面，往往是贵族命令手下的卫兵在自己的领地上进行清点，有的是清点鸟的种类，有的是清点哺乳动物的种类，所以从生物种类和地域上来看这种盘点很不彻底。这些数据涉及的地区不能覆盖整个法国，更谈不上整个地球了！

注意，不要混淆概念，比如在弗朗索瓦一世（François I er）或者亨利四世（Henri IV）统治时代的"已知或者被描述下来的生物多样性"和"实际存在的生物多样性"不是同一个概念。当时没有清点到的物种并不代表不存在于地球上，因为当时没有科学数据，所以我们只能假设在亨利四世时代，很少有物种自然灭绝，出现的新物种也寥寥无几。如果比较一下上边提到的时间长度（生物有数百万年的历史，一个动物物种出现，需要数万年到数十万年时间），那么亨利四世在位期间，地球上生物多样性情况与现在的区别应该很小，从科学角度可以把我们当前知道的生物多样性情况作为参考标准。

另外，自从弗朗索瓦一世时代至今，我们已经对生物灭绝情况有了精准的认识。对于鸟类、哺乳动物来说，统计数字比较准确，而对于其他棘皮动物、线虫等生物来说，统计数字差别就很大了。两个数字可以说明这种准确与不准确共存的状况：大约有 900 种生物灭绝，其中大多数在 20 世纪确认，其中的海洋生物不到 20 种^①！这说明海洋生物得到了更好的保护？当然由于海洋生物的大小、在海水中生活的深度，它们的确更安全，但是这个数字很可能被低估，而且这个数字可能反映出我们对海洋生物多样性认识不足。我们对于微生物的认识处于同样的情况。直到今天，人类对于地球上生物的种类仍然不够精确（3 种、5 种、7 种、15 种还是 1 亿种生物）。除了已经熟知的物种之外，计算比例或者百分比仍然很有可能犯错。

对各物种拥有整体而又细致认识的想法只是天方夜谭。然而，所有人都谈到生物种类减少。批评媒体向大众提供不准确信息^②，这么做很容易，但是实际情况是媒体也在努力工作：媒体为大众提供简短的新闻（尽管媒体喜欢提供一些令人震惊的新闻，这样才能增加收视率、提高报刊销量）。想象一下，如果媒体提供非常详细的解释，那么文章会变得冗长、无聊，可能让劳累一天回家的观众或者读者对电视节目或报刊失去兴趣。我们希望媒体"高效"，也就是说清晰、简洁。出于同样的原因，如果一名科学家解释自己研究的所有可能

---

① 国际自然保护联盟报告（UICN），2012 年。

② 找人为某事承担责任的做法让人安心，尤其在责任人是别人的时候更是如此。记者喜欢寻找准确的答案，而科学家喜欢提出问题、强调事物的不准确性。

214　出现的结果、相关工作的全部假设、各种不同程度的不确定性，那么人们可能很快对这位科学家失去信任。所以没有必要非要指出一个"罪犯"承担责任，因为责任分担在交流的三方：听众希望得到简单明了的信心；记者应该提供清楚的信息，而且要吸引注意；科学家为了传递信息，必须略过一些细微的差别。

　　总之，我们了解到各种生态系统中存在各种不同的生物。我们观察到生物多样性并非以统一的方式分布在这个星球的各个地方。我们有生物系统平衡、不同生物要保持相应比例（虫与鸟，植物与哺乳动物，等等）这样的概念。自从亚历山大·冯·洪堡（Alexander von Humboldt）1807 年探险归来后，我们明白一个地区越大，它拥有的生物种类就越多的道理。另外，我们还观察到海洋生态系统遭到破坏、动物和植物可用空间减少。通过上述所有元素，可以推论出的结果最终归结到生物多样性上来。尽管很多数字属于臆测，但是它们对预测未来必不可少。有必要理解这些数字的短处，并且在使用的时候应该倍加谨慎。另外，涉及某一类熟知、具体的生物的种类时，我们可以更加详尽而准确：鸟类和哺乳动物的数据基础扎实而准确，但是我们不应该因此把这种情况外延伸到所有生物种类。另外，不应该执着于某些物种彻底灭绝的情况不放，而忽视其他危险因素，因为除此之外还有很多让生态系统变得脆弱的状况发生，比如生物数量减少、物种生活土地碎片化，等等，这些事实在更深程度上动摇着现存的生态系统。正如罗贝尔·巴尔博（Robert Barbault）所说："没有必要数死了多少人来终止战争。为了让决策者停战，应该向决策者提供证据，也就是数字。"

人类面对生物多样性

20世纪标志着历史上的重要里程碑，或者说人类文明的重要里程碑。

人类诞生在这个世界上不过20万年，经过演化发展占据了各种各样的生态区位，从最富饶的地区到最严酷的地区都有人类的身影。人口数量不断增加，在新石器时代超过500万，在公元元年之初有2.5亿，16个世纪之后这个数字翻了一番，在文艺复兴时代达到5.5亿。在法国大革命后不久人类总量达到10亿，130年后达到20亿，60年后达到30亿，15年后达到40亿，2000年的时候世界人口达到60亿，10年之后人口又增加了10亿（图15）。

本书的几位作者从出生到今天，世界人口增加了260%，2014年的人口总数是70亿，每天增加15万人，每年增加5500万。今天，28%的人不到15岁，依照这样的速度，40年后人口总量将达到150亿。不过人口增长速度在放缓，根据国家人口研究所（Institut national d'études démographiques）的计算，2050年世界人口大约110亿，大约比当今的人口多了一半。联

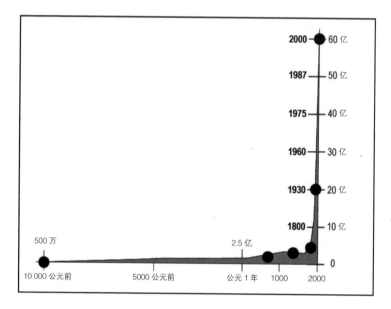

图 15　世界人口

合国估计在一个世纪以后人类"仅仅"有 110 亿~120 亿。今天我们提出的问题是，面对生物多样性问题，我们应该优先采取什么措施：我们是不是应该把关注点放在比利牛斯山脉上并非濒危的物种上呢？

　　对于阿尔伯特·杰卡尔（Albert Jacquard）[1]来说[2]，人口这样的增长速度隐藏着令人担忧的后果，如同睡莲一样：每一

---

　　[1] 阿尔伯特·杰卡尔（1925-2013），法国生物学家、基因学家。

　　[2] 阿尔伯特·杰卡尔（A. Jacquard，2010 年），《生物多样性：生物种类的争论》（*Biodiversité : controverses sur la variété du vivant*）。

株睡莲每天都可以再生出另一株睡莲，第一天池塘里有一株睡莲，第二天变成两株，第三天变成四株……100天之后池塘表面盖满了睡莲，于是由于没有空间睡莲族群停止生长。第一天之后多久池塘水面还有一半空闲面积？一个糊里糊涂的孩子可能回答"50天"——100天的一半。可是稍微考虑一下就可以知道，答案是99天。其实在95天的时候，睡莲占池塘的面积仅为3%，如果睡莲中有一些是预言家的话，它们警告其他的睡莲最终将以灾难终结，一定会遇到怀疑的声音："95天的生长，还有97%的面积，我们有时间做出反应，继续像以前一样发展吧。"实际上距离最终的灾难只有5天时间。如果其他睡莲听了睡莲预言家的话，转而向其他三个同样的池塘发展的话，它们仅仅能把灾难降临的时间推迟了2天。

自从古生代开始，科学家计算每100万年的时间段物种灭绝的地质学杂讯，也就是共有大约500个时间段。这种杂讯占每百万年的20%左右。自从第三纪，地质记录更加密集，于是每1000年有千分之一的物种灭绝。目前根据人类准确记录的数据（鸟类、哺乳动物、两栖动物）推算，当前的灭绝率超过以前的100倍。如果保持这样的灭绝速度，地球上60%的生物将在21世纪末消失。生物多样性能够保持需要的各个组成部分的平衡。如果在地质年代的尺度上环境突然剧烈改变，或者一个物种占据绝对统治地位，那么这种平衡就被破坏，所以整个生物多样性都可能发生改变。人口激增正符合这种情况，人类的统治地位造成其他种族的灭绝。
世界自然基金会（WWF）在 2014 年评估，野生脊椎动物在
20 世纪 40 年代以来消失了 50% [2014 年 9 月《生命星球报
告》（ *Rapport Planète Vivante*)]。2014 年 11 月在《生态学信
函》（ *Ecology Letters* ）杂志上的一篇文章指出，30 年时间里，
在欧洲 25 个国家有五分之一的欧洲鸟类消失（46% 的云雀、
58% 的椋鸟、61% 的麻雀、77% 的斑鸠）。

生物种类变少的原因何在？生态学家克里斯蒂安·莱维
克（Christian Lévêque）这样解释：

人口：人口越多，其他生物与人类共存越困难!

贫穷：当人们饥饿的时候绝不会关心生物保护问题，但
是发达国家并没有把帮助贫困国家作为本国的重点任务；

腐败：一种广泛的现象；

短视的逐利行为：比如过度捕捞鱼类，最终导致自食恶果。

克里斯蒂安·莱维克（Christian Lévêque）接着解释："所
以，如果要保持生物多样性，就要从根本原因入手。也就是
说要重新规划我们的经济模式与社会体系！人类目前只是在
解决方法的大门外徘徊，真的难以想象如何从根源上彻底解
决问题。"另外需要指出的是，大多数人对生物多样性的问题
并不在意。

物种全球化

自从经济全球化以来，人类就越来越多地把外来物种引入世界各地，最终导致各个不同大洲的动物和植物越来越趋同。因为自从新石器时代开始，人类就开始农业种植，为了农业目的或者美学目的，把原本在一个地区生长的植物带到另一个地区。随着商业贸易愈加频繁，今天这种现象已经达到了前所未有的巨大规模，我们开始感受到这种行为在生态、卫生、经济上的影响。

举几个例子，赤鲉是一种有毒的掠食鱼类，在从美国的水族馆里"逃跑"后分散栖息在安的列斯群岛（Antilles）的海岸附近。佛罗里达龟作为观赏动物被引进法国，可是常常有人在自然界放生这种龟，结果导致其大量繁殖，其他动物则被排挤。西伯利亚鲟鱼趁暴雨的机会从上加龙省（Garonne）的养殖场逃走后，与当地的同类鱼展开竞争，当地鱼类已经走上了灭绝之路。长时间以来，人们引进马铃薯、玉米、番茄、猕猴桃是为了作为食物，今天在法国的土地上十分之一的植物都是外来物种（4200 种微观植物中有 479 种是外来物种）。在英国，这个比例达到 25%，这个比例的记录由新西兰保持，达到 88%（1790 个物种里有 1570 个是外来物种）。除了这些例子，1869 年在苏伊士运河开通后，大约 300 个物种侵入地中海东部，并且在那里长久定居。货船上压载水舱作为重要的交通工具，让很多水生物种走向其他地区。一些引进的植物成了其他地方的梦魇，凤眼蓝（Jacinthe d'eau）作为观赏植物被引入各地以来，在印度等很多热带地区的众多湖泊河流里泛滥成灾。

物种全球化带来的影响令人担忧，同时要注意一个事实：无论是为了观赏还是食用，95% 我们种植的植物都来自其他地方，即使做出法国象征——法棍面包的小麦也是来自高加索地区。只有洋蓟、黑麦、大萝卜、甜菜、卷心菜、苹果树以及其他几种果树等是纯粹的法国本土作物。和经济全球化一样，自然界也无法逃脱全球化的命运，谁都没有办法阻止这一进程。

物种不合时宜的迁移常常会导致环境灾难，有时导致一些个体的悲剧。众所周知，飞机会携带蚊子在世界各地迁移，而有些蚊子正是疟疾的载体，所以飞机场周围地区属于疟疾高危区，法国的戴高乐机场也不例外。不过蚊子在戴高乐机场"下飞机"后难以承受寒冷的气候，因此活动范围仅限于机场周围的一千米到两千米的地带。几年前，一名法兰西大岛（Île- de- France）① 某城镇的居民发高烧，居住地距离戴高乐机场三十几千米。负责救治的医护人员竭尽全力抢救，患

---

① 即大巴黎地区。

者最终仍然很快死亡。为了防止疾病传播，相关部门展开分析，发现这位患者感染了疟疾。蚊子怎么可能从最有嫌疑的感染源——戴高乐机场周围跑到如此远的地方呢？经过对死者周边的调查发现，死者的一名邻居在戴高乐机场工作，从飞机中跑出来的蚊子被邻居汽车发动机的温度吸引，藏到汽车引擎盖下，跟着汽车来到这个城镇，然后开始要饱餐一顿。人类的两种交通工具（飞机、汽车）最终导致了悲剧发生。

为什么要保持生物多样性？

第一种观点认为我们总是觉得自然是一个相对平衡的系统，人类应保护自然处在这种平衡之下，于是人们顺理成章地认为自然应该有一个"理想"的状态。当我们看到各种预言的时候，诸如气候变暖将杀死 150 万个物种、海平面上涨会摧毁海滨地区，我们不禁自问这种自然灾难预言背后的逻辑何在？其实这说明预言者并不了解地球的历史！1500 万年前海平面要比现在低 120 米，在最近的冰河时代期间由于巨型极地冰盖融化，海平面上升，而这次海平面上升导致了海滨生物多样性灾难了吗？很显然，并没有。各种生物只随着海平面上升"搬家"，人类的祖先在海平面上升后不再步行穿越英吉利海峡，仅此而已。保持某个固定的状态不是保证生物多样性的理由。

我们已经说过，生物多样性是变化的结果，不是保持现状。几百万年来，生物多样性随着环境的变化（气候、地理、海平面）而变化，并且呈现出不同的面孔。曾经在地球上生活过的物种里大约 99% 彻底灭绝了。[1] 生物多样性的历史就是建立在一片废墟之上！不过，物种灭亡的速度和新物种诞生的速度的比值应该保持一定的平衡，尽管这一比值有高有低，但是从来没有彻底中断。

为什么这个物种灭亡和物种诞生的问题在今天要比昨天更加严重？下面用一个简单的类比来回答这个问题。18 世纪时，我们的先祖为了减轻运输工具的负重，会从前进的推车上跳下去，跳车的人不会有任何损伤；但很难想象今天有人从全速行驶的汽车上跳下去而毫发无伤。如果认为先祖这么做没有问题，那么我们今天也可以这么做，其中一个重要的参数便被忽视了：车辆的行驶速度。生物多样性也是一样。正确的问题不是生物多样性变化的范围，其范围已经比历史上的范围广泛得多，而是生物多样性变化的速度。最重要的不是保持现状，而是我们与生物多样性变化速度的差距变大。这种速度能否威胁到物种适应能力？答案是一个大大的否定。放慢生物多样性变化速度，成为要紧急应对的问题。

---

[1] 根据规定的标准（考虑到昆虫、没有形成化石的微生物、陆地—海洋的不平衡等因素），推测今天存在的物种数量与所有在地球上存在过的物种数量的比例是 0.1%~5%。

　　第二种观点认为，生物多样性对地球上的生命来说必不可少。的确，因为生物多样性就是生命，但是需要多少物种才能保证持续平衡呢？并非一些固有想法认为的那样，并非所有的物种对生态系统的运行必不可少。人们用来证明每个物种都有用的论述往往属于意识形态方面的论述，而不是出于事实，而且很多论述根本就是错误的。

　　另外，对于事实我们还要提出需要注意的两点：第一，我们不知道遭到破坏的生态系统保持正常运行的能力。做个简单的类比，我们可以在保证整体坚固性的前提下把埃菲尔铁塔的铆钉和钢梁拿下几根，问题在于取下多少根铆钉还能保证铁塔不会垮塌？谁知道哪根铆钉是"最后一颗"？对于生态系统来说情况差不多：我们可以改变物理、化学参数（气温、湿度、重金属含量等），我们可以除掉一些物种，引入另一些物种，起初这些活动不会造成悲剧性后果，问题是没有任何科学家知道在什么时候我们取下了那"最后一颗铆钉"。第二，这里也是一样，速度最为重要。自然进程有自己的行动速度，有时一个物种需要数千年才能最终形成。一种平衡失去了之后不一定能够通过另一种拥有其他运行方式的平衡来代替，尤其我们的社会非常没有耐心，总是希望在短时间就可以达到物种的重新平衡。纽芬兰岛海域的鳕鱼就是这种情况。在第二次世界大战结束后开始，人们对该区域的鳕鱼大规模捕捞，30年时间里鳕鱼的捕捞量从每年30万吨到每年接近 90 万吨，似乎一切都很好，但是鳕鱼产量突然暴跌。渔船与拖网的个头和数量不断变大，自动捕捞鱼群，这一切掩盖了鳕鱼储量逐渐下降的事实。我们本来以为要等十几年之后才能回到鳕鱼产量的黄金时期，事实并非如此！经济学家和他们的渔业顾问没有想到的是，食物链平衡被打破。鳕鱼属于海洋中的大型捕食者，鳕鱼减少了，中等大小的鱼类开始激增，然后出现了新的平衡。即使在停止捕捞之后，鳕鱼仍然没有重拾旧日的地位。而且中型鱼类数量变多，小型鱼类数量减少，对其他鱼类的捕食变得更加敏感。人们正在考虑把太平洋的物种引入北大西洋。对于妄想调节海洋生物平衡的人类来说，这么做恐怕会带来其他意想不到的后果。

第三种观点认为自然具备道德感：所有物种都有权利捍卫自己的存在。尽管如此，一个物种可能导致另一个或者另外几个物种灭绝。过去已经发生过此类事件，尤其病原生物更容易引发此类结果。既然我们知道这种情况可以避免，那么从道德层面上考虑我们有权利放任自我，导致一些物种消失，让我们的后代永远看不到这些物种吗？在生活中，这样的论述在经济利益面前毫无分量，但是不可否认的是这条论述合理合法。

我们能对人类的行为保持乐观吗？医生、探险家让 - 路易斯·埃蒂安（Jean- Louis Étienne）描述出一幅悲观的画面："只要国民生产总值仍是衡量一个国家发展的重要指标，只要由市场需求指导科学技术研究项目，那么生活质量在其中能够占多大分量呢？当舆论出现不满的时候，能够促进新行为的重大政治决策背后，通常都不是为了生态原因，往往是由于经济原因、公共健康原因、政治原因。举两个能够说明问题的例子。低能耗发动机造成的污染比较轻微，研究这种发动机的背景是1974年石油危机，为了向市场推出更省油、更吸引人的发动机做的发明改进，发明的动机绝不是为了降低大城市空气污染程度。另一个例子，停止生产含氯氟汽油的原因是蒙特利尔公约的强制，因为公约签订各方担心使用这种汽油会导致有居民居住地球的臭氧破洞变大，导致人类罹患皮肤癌的概率升高。生物学家呼吁关注南冰洋食物网过度暴露在紫外线下导致生态后果，停产初衷和这些环境原因毫无关系。

5

·
·
·

湿婆之舞

··

·
·
·

存活下来的物种不是最强的，也不是最聪明的，而是最能适应变化的。[1]

——查尔斯·达尔文 (Charles Darwin)

保护野性大自然不应该仅仅因为它是人类最好的保护伞，而应该因为它的美丽。

——让·多斯特 (Jean Dorst) [2]

---

[1] 查尔斯·达尔文（Charles Darwin, 1859），《物种起源》，第5章。

[2] 让·多斯特（1924-2001），法国鸟类学家。

我们在上文回顾了地球生命漫长历史的一些要点，浏览了不同的重要时期，了解到这段历史中的起起伏伏，考虑导致各种灾难的原因所在。随着这段时间回溯旅程的不断深入，了解到对于各种灾难可以有多种多样的解读。有些困难会随着科学研究的进步而出现，有些困难则恰恰相反，随着新数据的出现而消失。在结束这场有关生物多样性的时光旅行前，让我们从更广阔深远的角度观察，试着对生物多样性面临的问题给出一点解决方案。当然，生物多样性本身掌握着最终的决定权。

时间尺度的多重标准

在前文中我们已经看到，地球与生物多样性经过了众多考验：气候变化、温度变化、大气中二氧化碳含量变化、地理变化……并且存活下来。我们曾经几次提到速度的重要性，速度往往比广度更重要。只要变化的速度能够与生物适应能力相符合、与生物演化能力相符合，那么生物圈就能够适应变化。在地球上，人类扮演催化剂的角色，让很多进程速度加快，一切将会变成什么样子？

时间尺度不是只有一种，而是有很多种。把生物的历史

230　　与埃菲尔铁塔为类比（图 5），可以看出人类是走进物种大舞会最晚的一个，是进入各个圈子（生物圈、地质圈、大气圈、水圈）的相互作用最迟的元素。我们生活的时间是主观感受，具备很强的可伸缩性。在电影《北方旅馆》（*Hôtel du Nord*）[①]中阿尔莱蒂（Arletty）说过："有些时段持续的时间很长。"我们可以认为时间是线性前进的，但是这仅仅属于猜测，因为人类无法测量时间，因为那样需要用时间来测量时间。所以为了感到时间带来的结果，需要考虑时间持续的长短、不同的时间窗口。

关于地球的时间窗口、关于山脉与海盆演变的时间窗口要用数以亿年的时间尺度衡量；生物演变的时间窗口（广义上的演变）要用千万年的时间尺度衡量；环境适应、生态发展、生态系统的时间窗口要用十年到百年的时间尺度衡量；人类代际差异的时间尺度大约在 25 年。政治、经济界任务，以及各种决策的时间衡量尺度是 5 年[②]；金融问题变得越来越重要，而且让各种情况变得模糊复杂，有些金融因素只与到处传播这些消息的人存在利益关系，这些因素被说成是重大事件，这种金融问题的时间衡量尺度可能是几秒甚至几分之

---

① 法国导演马赛尔·卡尔内（Marcel Carné）1938 年的电影，根据欧仁·达比（Eugène Dabit）1929 年的小说改编。

② 从 2002 年开始，法国总统任期为 5 年。

一秒。在《世界报》（2011 年 4 月 3 日 -4 日）上，米歇尔·罗卡尔（Michel Rocard）① 清楚地写道："政治被封闭在短期的选举活动、媒体活动当中，逐渐变成了只能处理日常事务的机器，无法进行长远的规划。然而，生态危机颠覆了对于'进步'的认识，以前人们以为在进步的过程中，时间总是对人类有利的因素，因为人类让地球上的生物种类变少，而且不承认可能发生灾难，而我们正让这场灾难成为现实。"

1686 年丰特奈尔（Fontenelle）② 把对时间双重尺度的认识通过一则著名寓言淋漓尽致地描述出来：一代又一代的玫瑰花吃惊地看到一个园丁俯身在花丛中工作，这个园丁似乎没有丝毫变化，玫瑰花想："我们始终看到这个园丁，在记忆中只有他的形象……他一定不像我们那样会死去，他永恒不变。"③

在前文中我们谈到过科学假设与简单猜测之间的区别，也指出研究方法是最基本的要素。研究方法往往会用到数字数据，数字对于科学来说不可或缺，但是数字本身并不是科

① 米歇尔·罗卡尔（1930-2016），法国政治家，社会党人，曾担任法国总理。

② 丰特奈尔（1657-1757），法国散文家、法兰西学术院成员，是欧洲启蒙时代的开展者。

③ 贝尔纳·勒鲍威·德·丰特奈尔（B. Le Bovier de Fontenelle），《多个世界的谈话》（*Entretiens sur la pluralité des mondes*），1686 年。

232　学。这些数字是在各种具体条件下的产物，是在各种统计处理或者经过其他过程后的结果。数字、数据、曲线是工具，和所有工具一样，它们需要充分的知识基础才能毫无危险地得到应用。[1]

通过曲线可以得到一些指示，对曲线要做到正确解读而不过分诠释。比如，如果我们观察某段时间的生物多样性的变化，可以通过图表寻求答案。同时研究其他的图表，找到不同图表之间的相似之处、彼此的相关性：生物多样性曲线和氧同位素的曲线，氧同位素是古时气温的重要指标。另外，有时因为日期的不准确可能造成相关性的怀疑。这些图表显示现在的生物多样性似乎空前丰富，与媒体大声疾呼的生物多样性危机似乎彼此矛盾。错误在哪里？谁在欺骗公众？其实既没有错误也没有骗局。有这两种不同的解读是因为二者没有在同样的时间尺度上看问题。显示生物种类繁多的曲线中，时间的精确度平均值在几百万年左右；生态学家大声疾呼生物多样性危机，因为他们的证据是过去几十年或者几个世纪的研究成果。简单来说，二者说的不是同一件事。所以，当我们探讨关于自然问题的时

---

[1] 帕特里克·德·韦弗（Patrick de Wever）曾经详细谈过这些方面，《珍品手册》（*Carnets de curiosités*），艾利普斯出版社（Ellipses）、《地球时代、人类时代》（*Temps de la Terre, temps de l'Homme*），阿尔班·米歇尔（Albain Michel）出版社。

候，应该首先确定所讨论问题的时间尺度。

外推法的危险！

以生活在 21 世纪渺小人类的时间尺度看，气候变化的真正广度是什么？气候变化对于我们周围的生物会造成什么实际的影响？让我们通过几个小故事尽量让各位读者区分事实和错误的外来想法吧。

让我们关注比利牛斯山脉野生熊的情况：那里生活的是熊的一个亚种——棕熊（Ursus arctus arctus），这种熊有在我们的山脉中消失的危险。在 2007 年经过清点，发现比利牛斯山脉的法国一侧有 15~18 头棕熊，于是自从 2011 年开始人们就讨论是否应该引进棕熊。不过在比利牛斯山脉的西班牙一侧生活着大约 150 头棕熊。在意大利北部的特伦托省（Trentino）也有棕熊生活。在中欧，尤其是在斯洛文尼亚，棕熊的数量太多，人们猎捕棕熊，将熊肉做成香肠在卢布尔雅纳（Ljubljana）的市场上销售。在比利牛斯山脉是否有棕熊生活并不是生物多样性的问题，也不像人们说的那样关系到这个物种能否存续的问题。当然，这里提到的熊都属于同一物种，也属于同一亚种，人们提到的物种存续指的是保存法国比利牛斯山脉这种熊的基因，因为其他地区的棕熊与这里的熊存在基因的差异。尽管如此，不同地区棕熊的基因差异并不大，比在比利牛斯山脉生活的人和斯洛文尼亚生活的人的基因差异还小。

同理，为了保证基因延续，是否应该禁止身材修长的巴斯克回力球选手与斯洛文尼亚金发女郎结婚呢？向比利牛斯山脉引进熊的做法属于人类主观意志的选择，但是不应该打着保护物种的名义。这种做法应该属于生态原因（山地生态系统中存在大熊肉食动物）、生物地理原因（扩大棕熊的分布地）、诗意的原因、田园牧歌的原因、经济原因，等等，但是不可以保护物种为由，因为那是错误，或者说是谎言。

南部比利牛斯（Midi- Pyrénées）的地区环境局（Diren）① 局长在 2006 年 5 月的一次广播节目中说过这样的话："有人说这个物种的个体在其他地方生活，所以整个物种并没有达到濒危的程度。这不是我的问题。我的工作是在这里保证当地物种的多样性。"他使用的言语非常重要。这位局长清楚说明他并不是要保护物种的存续，否则别人会怀疑他的工作能力，他说的是要"保证当地物种的多样性"，他的工作任务是对当地负责。也就是说，在某一地区稀少的某个物种并不代表整个物种处在危险之中。

再举一个相反的例子：非洲象常常被列为濒危物种，国际自然保护联盟（UICN）把非洲象列为"脆弱的"物种。当

---

① 地区环境局现在已改制为地区环境、规划、住房局所（Dreal）。

听到某地大规模屠杀非洲象的时候，道德感让我们愤怒不已，尽管非洲象对我们的生活没有直接影响，但是此类事件仍然令人义愤填膺。然而，在博茨瓦纳（Botswana），非洲象的数量过多；南非的情况也非常类似，非洲象的数量从 8000 头增加到 18000 头；在比勒陀利亚（Pretoria），当局甚至考虑科学猎杀大象以控制其数量。然而，整个非洲的大象数量在急剧减少（从 130 万头减少到 45 万头）。在 2012 年偷猎者杀死大象 2.5 万头，2013 年被猎杀的大象数量甚至超过这一数字。一个物种在全球范围内濒危并不意味着这个物种在局部数量很少。这些例子表明在某一个层级上的数字并不能代表另一个层级的情况，所以随便使用外推法非常危险！

还有一些例子告诉我们不应该过快地把局部问题推向整体，比如在地中海岛屿上的脊椎动物，这些动物在大约一万年的时间里独立演化。塞浦路斯（Chypre），克里特岛（Crète）、科西嘉（Corse）、撒丁岛（Sardaigne），马略卡岛（Majorque）等一些大的岛屿被周围深海围绕，与周围的大陆分隔，数十万年来这些岛屿上的生物独立发展演化。岛上的动物长时间与其他地区分离，而且种类相对稀少（科西嘉岛上有 6 种哺乳动物化石，当前有 24 种哺乳动物）。这些单独演化的动物呈现出属于各自岛屿的独特外形。岛屿上独立演化动物的特点突出体现在大型动物身上（象、鹿、猫头鹰），它们要比大陆上的同类动物个头更小，而岛屿上的小型动物（老鼠、田鼠）反而变得比大陆上的同类动物个头更大。

人类带着动物来到这些岛屿上，导致岛屿上动物的外形发生改变。一万年前在岛上生活的动物今天几乎全部灭绝（除了克里特岛上的鼩鼱与塞浦路斯岛上的老鼠）。随着人类和其他动物的来临，岛上的物种是原来的五倍，现在岛上的动物和邻近大陆上的动物变得相似起来，至少部分相似。所以，罗贝尔·巴尔博总结说：“即使每座岛屿上的生物种类变得更加丰富，但是全新世人类的到来仍然可能导致生物多样性的重大损失。”[1] 在另一个时间尺度上的另一片蓝天下，这段历史会告诉我们眼前的数量增长会导致最终的数量减少。非常复杂，的确，在大自然中不存在任何简单的事物。

气候变暖

的确，在正进行中的气候变暖现象中气温升高不少，我们耳朵都听出了老茧，气温升高的结果经过测量，无可辩驳。今天的气温比红胡子埃里克（Éric le Rouge）在格陵兰岛居住 [2] 时代的中世纪温暖期（optimum climatique du

---

[1] 罗贝尔·巴尔博（Robert Barbault，2006），《木柱游戏中的大象，生物多样性中的人类》（*Un éléphant dans un jeu de quilles, l'Homme dans la biodiversité*），瑟耶出版社（Seuil）。

[2] 中世纪温暖期指的是大约 10 世纪到 11 世纪北大西洋地区局部气温异常升高的时代。

Moyen Âge）^①还高。然而，在历史上存在比当今气温更高的时代，在距今 9000 年前到 5000 年前的时候、两次间冰期（interglaciaire）之间距今 24 万年前到 32 万年前的时候（更不用提更远古的时代：距今 5600 万年前古新世 - 始新世交界的时代，当时在 20000 年的时间跨度中气温上升了 6 摄氏度）。如果我们回溯过去，会发现不到 200 万年前的状况更加炎热的时代，然后气温突然下降，进入了冰期与间冰期交替出现。最近几年出现的高温纪录只在人类小小的时间尺度上有效，然而真正创下纪录的是温度升高的速度：现在温度上升的速度是中世纪温暖期气温上升的一倍半，是冰期到间冰期温度上升速度的 4~8 倍。

越飞越高的蝴蝶

阿波罗绢蝶（parnasse Apollon）是一种生活在高海拔地区的蝴蝶，在法国境内的山上（中央高原南部、赴日山脉）逐渐减少甚至消失。由于温度升高，这种蝴蝶的生态区位不断向海拔更高的地方提升，然而相当一部分蝴蝶找不到"更上一层楼"的栖息地。这个物种并没有受到灭绝的威胁，它们仍然在比利牛斯山脉与阿尔卑斯山脉生活。估计阿波罗绢蝶仍然栖

---

① 红胡子埃里克（950-1003），出生在挪威，探险家、海盗。公元 982 年探险时发现了格陵兰岛并在岛上居住过一段时间。

息在汝拉山脉（Jura）和中央高原海拔最高的地方。而且，这种蝴蝶的活动区域广泛，从西班牙到斯堪的纳维亚、乌拉尔山（Oural）、喀尔巴阡山脉（Carpates），只要有海拔 700~2500 米的栖息地，都能找到这种蝴蝶，远没有达到物种彻底灭绝的程度。

某个局部地区的现象不能代表整体情况，但这并不代表我们可以不必注意……在这个例子中，我们看到了温度升高导致蝴蝶向海拔更高处搬迁的现象，这让它们的栖息地越来越少，所以这种蝴蝶的数量会越来越少。而且，它们的栖息地分布越来越碎片化，它们已经不能在分隔中央高地海拔更低的地区生活了。这种栖息地碎片化的现象会导致基因变得贫乏，将成为这种蝴蝶灭绝的原因之一。当然，"福兮祸所伏，祸兮福所倚"，由于各个地区蝴蝶独立演化，可能催生新的物种。究竟是福还是祸，真的难下定论！

中美洲蛙类的灭绝

2006年一份研究报告^①称中美洲热带雨林中，蛙类由于气候变暖而大量灭绝。实际上，110 种蛙类与蟾蜍中的 67% 似

---

① J. A. 庞兹（J. A. Pounds）等人（2006 年），《由于全球变暖导致流行病，致使两栖动物大范围灭绝》（*Widespread Amphibian Extinctions from Epidemic Disease driven by Global Warming*），《自然》（*Nature*），439，161–167 页。

乎在上世纪 80 年代到 90 年代就消失不见了。一种名字很复杂的真菌——蛙壶菌（Batrachochytrium dendrobatidis）导致了它们的灭亡。这种真菌的名字不禁让人想起热带的另一种青蛙：毒箭蛙（Dendrobates）。然而，蛙壶菌只存在于非洲南部地区，它们在那里寄生在非洲爪蟾身上，这种蟾蜍是携带者，真菌不会在它身上致病。那么这种真菌是怎样感染美洲青蛙的呢？西方很多实验室使用非洲蟾蜍的组织进行各种实验。可能是这种蟾蜍逃逸到大自然，也可能是用过的实验室用水被倾倒，总之蛙壶菌离开宿主后进入了生态系统，感染了当地的两栖动物。造成中美洲蛙类死亡的两大因素：当地蛙类对这种真菌并不免疫，蛙壶菌非常适应当地蛙类的皮肤。结果，当地蛙类感染蛙壶菌后，疾病迅速扩张至全世界，今天甚至在法国都能找到这种真菌的身影，法国南部由于蛙壶菌导致的流行病正在蔓延。总计有 14 科 93 种的蛙类感染了这种真菌。

中美洲蟾蜍灭绝的罪魁祸首不是气候，而是人类。人类把这种病原体引入了新的环境，蛙类是新环境中病原体的目标。同时这一悲剧事件很符合逻辑，蟾蜍类没有经历过比 20 世纪 80 年代到 90 年代更加强烈的气候变化，各种污染使这种情况更加严重（两栖动物对污染非常敏感），再加上森林砍伐和其他与气候无关的人类活动，最终导致了恶果。

一万年前气候反复波动造成的大灭绝

按照地质年代回溯得更久远一些，计算与观察到的结果相差甚远。我们现在所处的地质年代被称作"全新世"（Holocène），开始于一万多年前。全新世前的年代是距离我们最近的冰期，那段时间里各种曲折变动频发。

距今 14700~11600 年前第四纪的一个时期 [被称作博尔金 - 阿尔路德 / 新仙女木期（Bölling-Allerød/Dryas Récent）]，至少在北半球，很短的一个时间段里各种极端气候交替出现。1.5 万年前上一个冰期的末尾，我们的祖先还蜷缩着御寒。可以想象对于他们来讲，明显温暖的时期（博尔金 - 阿尔路德期）是多么大的安慰，在很短的时间里（100 多年）气温升高了 6 摄氏度，这种情况持续了 2000 年。冰期结束了？根本没有！在新仙女木期寒冷重新回归，而且持续 2200 年。在最寒冷的时期，格陵兰岛气温下降了 15 摄氏度，欧洲下降了 5 摄氏度。接下来的升温期持续了 2500 年，气温以每 200 年上升 1 摄氏度的频率上升。这段时间气温上升显著，我们估计全新世初期属于气候温暖期（距今 9000~5000 年前），当时的气温比现在更高（0.5~2 摄氏度）。那段温暖的时期中夹杂着多个短促的寒冷期，尤其在 8200 年前的一段寒冷期持续了大概 200 年。在这段忽冷忽热的时期，各种导致危机的因素都出现了，高温低温阶段迅速切换，然而并没有大规模生物灭绝事件出现。那么根据数据模型推测的大型灭绝事件到哪里去了呢？的确，根据地质记录看当时气候出现过各种变化，美洲的克洛维斯（Clovis）文化[①]消失。但是除了披毛犀（Rhinocéros laineux）、洞熊（l'ours des Cavernes）、猛犸象等在极度寒冷地区勉强生存的物种之外，没有发现其他大型生物灭绝现象，甚至猛犸象的灭绝原因可能是过度捕猎而不是气候因素！不过，在冰期结束之后，地貌发生了巨大变化，驯鹿、猛犸象、旅鼠曾经漫步过的寒冷贫瘠冰原变成森林，冰原移位到更北的方向。

通过这段历史可以知道，温度升高导致的最重要影响不是生物灭绝，而是生物—气候带的移动。气候带移动后各种生物要随着气候带移动，如果生物移动的能力跟不上气候改变的速度，或者生物在移动过程中遇到了无法逾越的地理屏障（山脉、海洋、深谷……），那么生物就会灭绝。

从这些历史事件中能够得到什么教训？

实际上，第一，我们往往搞错了方向，把温度升高与物种灭绝简单地联系在一起。并不是气温升高导致了现在的物种灭绝（或者导致生物数量减少），物种灭绝是由于我们对

[①] 雅克 - 伊夫·库斯托（1910–1997），法国海军军官、探险家、生态学家、海洋生物学家、法兰西院士。

地球的应用：农业、城市化、捕鱼、污染、土地碎片化、让病原体改变栖息地、引入病原体、病原体侵入，气候变化是对物种选择的额外压力，对于那些数量较少或者比较特殊的物种更加危险，但是并不是决定因素。再回到我们人类给地球带来的影响这个问题上来，在这个疑问的背后隐藏着另外一个问题——人口问题。雅克-伊夫·库斯托（Jacques-Yves Cousteau）[①]在他生活的时代已经提到过这个问题，前文中我们也谈到了人口问题（图 15）。

第二，面对气候变化，生物有两种主要的应对方式。最简单也是最清楚的应对方式是：迁徙（上次冰期结束的时候就出现过这种应对方式）。经过研究 1700 种欧洲生物[②]，鸟类的栖息地平均每个世纪迁徙 60 公里，草类生长地的海拔高度平均每个世纪上升 10 米。估计鱼类每隔 10 年迁徙 40 公里，是鸟类迁徙的 7 倍，因为海洋是个均质的环境，迁徙起来很容易。另外，各个物种表现出弹性，能够适应新环境的节奏，比

[①] 当然，一个文明只是种族的一部分而不是整个种族。克洛维斯文化是史前古印第安人的文化，出现在公元前 11500 年（距今约 13500-13000 年前）。文化的名称来自新墨西哥州克洛维斯城。

[②] G. 博夫（G. Boeuf, 2008），《生物多样性的未来如何？》（*Quel avenir pour la biodiversité ?*），J-P. 尚斯（J-P. Changeux）和 J. 瑞思（J. Reisse）（主编），《对我们来说更好的世界，可行的计划还是痴人说梦？》（*Un monde meilleur pour tous, projet réaliste ou rêve insensé ?*），奥迪尔·雅克布出版社（Odile Jacob），47-98 页。

如，更早地开花或者结果。172 种植物（草、树）和动物（蝴蝶、两栖动物）对春天周期的到来平均每个世纪提前 23 天。有些生物能够灵活地适应当地气候变化。在蒙特利尔魁北克大学的丹尼·黑阿尔（Denis Réale）及其团队[①]证明育空（Yukon）的红松鼠比十几年前早 18 天产崽。这样才能适应云杉球果提前出产的情况。这个例子表现出生物适应气候变化的能力。大山雀（Mésange charbonnière）也表现出同样的适应能力，它们根据毛虫生长时间的变化改变产卵时间。自然选择更倾向于能够适应气候变化和生态环境改变的鸟类。众所周知，60 年来葡萄成熟期发生变化，这绝不是因为葡萄种植者喜欢采摘越来越青涩的葡萄，而是证明了葡萄适应环境的能力很强。

所以，各种生物在彻底灭绝之前，至少有两种应对手段：在空间上搬迁到合适的栖息地，在时间上自我调整适应新环境。因为气候对于生物来说是一个强大的外界限制条件，而且各个物种直接面对（不同年份之间）天气变化，天气变化（几十年的或者几个世纪）与气候变化对于生物影响的范围极广。没有能力适应环境变化的物种长时间存活的机会很

---

① D. 黑阿尔（D. Réale, 2008），《普通哺乳动物对气候变化的基因和外形回应》（*Genetic and Plastic Response of a Northern Mammal to Climate Change*），《伦敦皇家学会议事录》（*Proceedings of the Royal Society of London*），B270，591–596 页。

244

小。我们对生物变化、分布、行为进行观察，150 年以来 ①，没有任何报告显示单单由于气温升高直接导致物种灭绝的情况。先不考虑其他因素，由于地球气温升高或者大气二氧化碳浓度增加完全可能促进生物多样性的发展，首先受益的就是那些喜欢二氧化碳的植物，然后受益的是昆虫、草食动物。当然前提是整个生态系统不会发生高速恶性运行的状况，生物适应的速度和物种演化的速度能够赶得上环境改变的速度，而且环境的变化程度不要超过一定的界限。再强调一次，问题的核心在于速度。如果环境改变的速度过快，生物跟不上就会导致灭绝。在欧洲，平均升高 1 摄氏度，从纬度上看生物栖息地就要改变 250 千米，二十几年以来，我们观察到平原的树木已经跟不上这样的节奏了。②

关于生物多样性的几句结束语

有人认为生物多样性是太空因素造成的结果［陨石、古

---

① T. E. 拉夫卓易（T. E. Lovejoy）、L. 汉娜（L. Hannah）（编辑）（2004），《气候变化与生物多样性》（*Climate Change and Biodiversity*），耶鲁大学出版社（Yale University Press）。

② R. 贝尔唐（R. Bertrand）等人（2011 年），《在低地森林气候变暖背后的植物组成变化》，（*Changes in Plant Community Composition Lag Behind Climate Warming in Lowland Forests*），《自然》（*Nature*）。

尔德带（anneau de Gould）、奥尔特云（le nuage d'Oort）]，这完美地描述了我们究竟是什么：地球和太空相互作用的结晶。于贝尔·雷弗（Hubert Reeves）反复说过："我们是星之尘埃。"我们的起源问题非常难以解答，因为所有的证据都消失不见了，长时间以来成为需要谨慎对待的问题。尽管有大量尚未得出定论的科学研究，但是经过几代古生物学家、生态学家、基因学专家、地球化学家的努力，我们对人类诞生后如何演化的过程了解得越来越多。这些知识让我们对历史做出总结，同时在当今的大背景下为将来的发展规划蓝图。

生物圈的历史，尤其是最近 5.5 亿年的历史，可以理解成面对岩石圈的改变、面对不同生物组织（组织、生物密度、种类等）自我调节机制、面对人类行为，各种生物替代、反应的历史。生物多样性持续改变，很多重大危机都影响了生物多样性。这些危机能够测试出生物圈对于环境波动的承受能力。危机过后的恢复阶段，则告诉我们怎样才能恢复到平衡状态，而且对于理解生物圈返回常态过程中的各种现象大有帮助。

我们只能通过化石了解到危机过后的阶段，这是人类唯一能够了解生物圈面对大型危机反应能力的证据。通过这些证据可以评估度过危机付出的实际代价（并不仅仅是危机发生时导致的损失），同时让我们思考返回生物平衡状态的进程。对于全球改变要付出怎样的代价呢？危机持续多长时间呢？有些时代的平衡被彻底打乱，旧世界消失，新世界诞生。
比如在古生代末期，海底的海洋生态系统占绝对优势地位的
生物是摄取海洋中悬浮物质的滤食动物，而中生代初期海底
的景象则完全不同。

有些言论到处贩卖"现成"观点，政治生态学产生出"失
去的天堂"这类思想，这些现成的观点认为生物多样性围绕
着这个"失去的天堂"展开。很长时间以来人们把重点放在
平衡、稳定这样的概念之上，认为在这种前提下的气候条件
理想，在众多法令条文的规定下，能够获得"好的生态环境"，
而什么是"好的生态环境"却没有任何科学的定义。实际上
生物多样性是一部变化史，这部历史中穿插着很多所谓的"灾
难"，这些灾难实际上是一些偶然事件，它们帮助生物演化，
从而形成了我们现在认识的生物世界。

现在是生态平衡走向变化的过程，走得非常艰难。媒体、
非政府组织、一些科学家仍然使用陈旧的观点去看待问题，
因为接受新观点需要时间。想想魏格纳（Wegener）提出的大
陆漂移理论，其实与我们看到的生物多样性之间有千丝万缕
的联系。今天，对于生物多样性平衡，实际的观点非常必要。
强调破坏生物多样性带来的悲剧后果，在唤醒公众关注阶段
十分有效，但是如果长时间过分强调这种悲剧后果，反而会
使公众麻木，失去动力，得到的结果适得其反。争先恐后不
断重复保护生物多样性有多重要，但是给不出具体解决办法

的宣传也只能得到同样的结果。

　　米歇尔·赛赫（Michel Serre）[1]认为生物多样性的历史并非"一条安静的长河"，安静平台期总是被各种带来深度改变的湍流所打断，大大小小的危机不断，造成这些危机的因素复杂多样，往往是地质因素，而且始终存在。直至今日，在危机过后都会出现生物种类进一步繁荣的景象，结果是物种数量比危机前数量更多。可见危机反而有利于生物多样性的发展。

　　以前发生过的所有危机都没有从整体上对生物多样性造成威胁。另外，即使真的存在这样威胁全体物种的危机，我们现在也无从谈起。虽然前边的五次大型危机没有彻底灭绝地球上的生物，但是我们无法保证以后的危机不会造成这样的后果。当今媒体经常说"地球处在危险当中""生物多样性面临危机"，我们仍然可以认为这些言语对生物多样性历史来说非常不幸。历史告诉我们，生物圈的适应能力非常强大，即使人类催生了巨大的危机，我们仍然可以想象危机过后演变出丰富多样的新物种，各个物种繁荣昌盛的场景。

---

　　[1] 米歇尔·赛赫（1930- ？），法国哲学家、作家。如果想让情况有所变化，那么要把生物多样性作为直接目标。否则在几十年后我们可能还在重复类似的话语：一定要在2010年保护住生物多样性！罗贝尔·巴尔博（Robert Barbault）、斯蒂安·莱维克（Christian Lévêque）等有责任感的生态学家表达了这样的期望。

那么今天的问题何在？过去的那些危机没有动摇生物多样性的整体状态，但是对那些灭绝的物种来说这些危机是恐怖的、致命的。今天的灾难过后，完全可能有新的物种崛起，这点毋庸置疑！如果我们坚持有些自私的人类中心论的想法，那么更准确的说法是："这颗星球上的人类处在危险中""人类在当今生物多样性的地位处在危险中"。毫不夸张地说，人类的生存需要美丽的花朵、歌唱的小鸟、各种微生物，而它们却并不需要人类。地球上的生物史证明，人类不过是众多生物中的一种，尽管人类出于虚荣心理可能不愿听到这样的话，但事实是地球没有人类的存在，仍然可以欣欣向荣。当人类想把自己的地位抬高到各个物种之上的时候（其实从生物学角度看这种想法毫无道理），我们应该意识到保护生物多样性是 21 世纪的关键任务，因为这关系到人类的存亡。

面对生物多样性，我们可以充满感情，而且作为人类，我们应该充满感情，但是从科学的角度看，我们必须强制自己保持理性。一定要记住人类不能脱离于自然之外，人类是自然的一部分，人类其实融入在自然当中。如果自然遭到的破坏过于严重，那么人类将自食恶果。当我们更加注意游弋的小鱼、飞翔的蝴蝶的时候，当我们对于生物多样性有了更深刻的理解的时候会发现，保护生物多样性就是在保护我们自己。请政治、经济的决策者关心、保护这颗星球，请汲取动力督促自己，当心不要惹怒湿婆。

　　湿婆是印度教的一位神明（从词源学上分析，湿婆的名字意为"好的、善良的"），据说湿婆住在喜马拉雅山的最顶峰，是个充满矛盾的复杂神明。湿婆代表了旧世界的毁灭和新世界的重生。他半闭双眼，睁开眼时创造世界，闭上眼时毁灭世界以完成一个循环。湿婆最著名的行为是宇宙之舞，这舞蹈毁灭旧世界并创造新世界。湿婆有四条胳膊，上边的右手拿着鼓，发出创世的节奏；上边的左手拿着毁灭的火焰；下边的右手呈现保护的姿势；下边的左手指着踢向空中的左脚，这也指出他自己宽恕的特质。当心不要激怒湿婆，否则他会跳起狂暴之舞。

附录

年表

生物多样性认识过程中的重要阶段：

公元前 350 年：

在《动物的部分》（*Parties des animaux*）这本书里亚里士多德根据生理特征为生物分类。这种分类方法一直被沿用到 18 世纪。

1573 年：老普林尼（Pline l'Ancien）在百科全书《自然历史》（*Histoire naturelle*）中汇集了当时的所有科学知识。根据生活环境把动物分类。

1580 年：当时有观点认为在岩石中发现的贝壳是《圣经》中记载的大洪水带来，贝尔纳·巴利斯（Bernard Palissy）反驳了这种观点。他指出贝壳源于海洋，而且还说明在巴黎盆地找到的贝壳源自热带气候的环境。

1669 年：尼古拉斯·斯坦诺（Nicolas Stenon）奠定了地层学基础，引入了通过研究沉积底层以及化石认识地质历史的概念。

1686 年：约翰·雷（John Ray）在自然中寻找上帝的存在，他首先详细阐述物种的分类，认为物种自从被创造以来从没有改变过。

1758 年：卡尔·冯·林奈（Carl von Linné）引入一切生物体的术语名录（每种生物属的名称和种的名称的定义）。他承认生物的种是不同的（生物个体不相似），但是坚持生物的属是固定的。他是创造论主义者。

1783 年：让-路易斯·苏拉威（Jean-Louis Soulavie）把化石作为时间标记，来确定土地的时代。他提出假设，地球历史可能有几百万年（《圣经》上记载地球大约 6000 岁）。

1796 年：乔治·居维叶（Georges Cuvier）提出地球革命的理论。他认为地球经历过几次大灾难，导致大量物种灭绝。每次灾难之后，地球的情况保持不变，一直到下一次灾难来临。于是他提出了灾变论。在 19 世纪初，他奠定了脊椎动物的古生物学基础，并且展现出对比较解剖学的兴趣。

1809 年：拉马克（Lamarck）反对物种不变论，制作出第一个物种演化树。他的物种变化论保留下来，认为人类是所有生物的最高形式。他还为无脊椎动物的动物学发展做出巨大贡献。

1830 年：埃蒂安·若弗鲁瓦·圣伊莱尔（Étienne Geoffroy-Saint-Hilaire）捍卫物种持续变化论，反对居维叶的灾难理论。

1830 年：查尔斯·莱尔（Charles Lyell）出版了《地质学原理》，在书中他建立了均变论的基础，该理论认为今天的自然进程与地质年代塑造地球的自然进程一样。他反对居维叶的灾变论。

1840 年：阿尔西德·道比尼（Alcide d'Orbigny）根据居维叶的灾变论将地质史分成了 28 个世（Période）。

1858 年：查尔斯·达尔文（Charles Darwin）和阿尔弗莱德·华莱士（Alfred Wallace）同时推出论文，提出了自然选择的理论以及各个物种之间亲缘关系的概念。1859 年，达尔文出版了进化论的著名作品《物种起源》。

1859 年：路易斯·阿格西（Louis Agassiz）在 1837 年从瑞士移民来到美国，在哈佛（Harvard）建立了比较动物学博物馆。这是美国第一所把科学研究与丰富收藏联系在一起的大型博物馆。他根据居维叶建立的理论解释了地球上的生物，把生物分成四个彼此独立的支派。

1866 年：恩斯特·海克尔（Ernst Haeckel）创造了"生态学"这个词汇。他是达尔文理论的忠实捍卫者，他认为地球上的生物都是来自同一源头。

1901 年：胡戈·德·弗里斯（Hugo de Vries）认为自发变异是新物种崛起的主要动力。

1942 年：恩斯特·迈尔（Ernst Mayr）、乔治·盖洛德·辛普森（George Gaylord Simpson）、费奥多西·多布然斯基（Theodosius Dobzhansky）、朱利安·赫胥黎（Julian Huxley）、乔治·雷亚德·斯代宾斯（George Ledyard Stebbins）发展出

了现代进化综论（théorie synthétique de l'évolution），也叫现代达尔文主义（Néodarwinisme）。他们提出了物种的生物学定义，宣传逐步进化的看法，认为逐步进化是自然选择通过成功变异获得的结果。

1950 年：威利·亨尼西（Willi Hennig）创建了亲缘分支分类法，把生物划分在"分化枝"内，分化枝里的生物有共同的祖先和所有的后代（所以分化枝学被用于重现生物的亲缘关系）。

1985 年："生物多样性"一词出现。

1992 年：地球峰会每十年一次，联合国在巴西里约热内卢召开的地球峰会上，向各大媒体报道了生物多样性问题。

2010 年：世界生物多样性会议在日本名古屋（Nagoya）召开，就生物多样性的基因资源获得问题达成国际协议，并且列出一系列具体的目标［爱知目标（objectifs d'Aïchi）]。

2011 年：12 个国家参加生物多样性和生态系统服务政府间科学政策平台（IPBES），依照政府间气候变化专门委员会（GIEC pour le climat）的规定（2011 年 10 月，肯尼亚，内罗毕），该平台负责为政治决策者提供科学鉴定。

2012 年："里约 +20"峰会：在第一次地球峰会后 20 年的会议，结果不容乐观。

2015 年：2015 联合国气候峰会于 12 月在巴黎召开。

感谢

感谢所有读者，不论您是不是专家学者，不论您是不是声名在外。在非正式讨论、专业辩论之后，我们往往在讲座结束时收到各种问题，这一切表示大家对讨论的主题兴趣十足，希望从各个方面更加深入地了解。而且我们感到应该进一步阐明科学与"流言"、确定的知识与不确定的猜测、学术定论的舒适和科学怀疑的苦恼之间的区别。当然，我们也意识到这些猜测是多么令人兴奋、督促进步、令人欣喜、美轮美奂。

感谢罗贝尔·巴尔伯（Robert Barbault）、阿兰·布里克（Alain Blieck）、洛朗·卡尔庞捷（Laurent Carpentier）、阿莱克赛尔·德·韦威尔（Axelle de Wever）、让-弗莱德·奥伊勒（Jean-Fred Euler）、贝尔纳·洛兰（Bernard Laurin）、让-克劳德·勒夫福尔（Jean-Claude Lefeuvre）、居·枚让（Guy Méjean）等人认真阅读我的最初几版手稿，并且提出了宝贵的意见与建议。感谢亚历山大·莱切斯（Alexandre Lethiers）热心地凭借绘图技术给予我们的帮助，感谢玛丽莱纳·帕图-马蒂斯（Marylène Patou-Mathis）用专业的编辑能力给予我们的帮助：我们在此表示由衷感谢。

　　另外，还要感谢阿兰·布格兰 - 迪堡（Allain Bougrain-Dubour）接受我们的请求撰写本书序言。由此可见法国鸟类保护联盟（LPO）这样出色的自然保护组织对于数亿年悠久历史生物多样性问题给予了很大关注。

绿色发展通识丛书 · 书目

GENERAL BOOKS OF GREEN DEVELOPMENT